MÉMOIRE

SUR L'AMÉLIORATION

DE LA SOLOGNE.

MÉMOIRE

SUR L'AMÉLIORATION

DE LA SOLOGNE,

Par M. d'Autroche, Membre de la Société Royale d'Agriculture d'Orléans.

A ORLÉANS,

Chez Jacob Aîné, Imprimeur-Libraire, rue & vis-à-vis Saint Sauveur.

Et se trouve A Paris, chez la Veuve Valade, Imprimeur-Libraire, rue des Noyers.

M. DCC. LXXXVII.

Avec Approbation & Permission.

Ce Mémoire a été envoyé à la Société Royale de Physique, d'Histoire Naturelle & des Arts d'Orléans, au mois de Mai 1786.

A LA SOCIÉTÉ ROYALE D'AGRICULTURE D'ORLÉANS.

MESSIEURS,

L'utilité publique a toujours été l'objet de vos recherches & de vos travaux. Si pour mériter d'avantage l'attention du Gouvernement qui dès votre origine a daigné vous consulter sur des points essentiels d'Administration, vous paroissez vous être occupé beaucoup de la Théorie des Matieres Economiques, cette étude si digne de l'Homme & du Citoyen, vous n'avez pas négligé pour cela tout ce qui tend à la perfection de l'Agriculture, & vous avez partagé votre application & votre tems entre ces deux objets essentiels. On pouvoit donc s'attendre à trouver dans votre ſein, les lumieres relatives à l'Amélioration de la Sologne. La Société Royale de Phyſique, d'Hiſtoire Naturelle & des Arts d'Orléans, ayant propoſé pour ſujet de Prix, d'indiquer les moyens de vivifier ce Pays malheureux & languiſſant, je n'ai eu, en m'occupant de ce ſujet, que la peine de raſſembler une partie des connoiſſances qui vous ſont familieres. Je m'empreſſe de vous reſtituer aujourd'hui un bien qui vous appartient. Il n'a pas tenu à moi qu'il ne vous revint d'une maniere plus fructueuſe, & que vous ne puſſiez recueillir la moiſſon du champ où ma main avoit dépoſé la ſemence que vous m'avez confiée. Un orage inattendu a détruit mes eſpérances à cet égard, & vous a privé tout-à-coup d'une récolte qui paroiſſoit sûre. Avec tous mes regrets, daignez agréer mes hommages.

D****.

MÉMOIRE SUR L'AMÉLIORATION DE LA SOLOGNE.

Horrida nunc dumis, multosque inarata per annos
Hæc tellus ; desuntque manus poscentibus arvis.

Lucain.

De toutes les recherches capables d'occuper les Compagnies savantes, il n'en est point de plus importantes ni de plus dignes de fixer leur attention que celles qui intéressent essentiellement la prospérité des Etats, la richesse des Sociétés & le bien-être des individus qui les composent. Apprendre à l'Homme à rendre plus fertile cette Terre qu'il foule souvent avec dédain, mais dans laquelle le C éateur a déposé des principes inépuisables de fécondité qui ne doivent toutefois se développer qu'en raison de l'intelligence & du travail, c'est faire le plus noble usage de ses études & de ses lumieres. Le premier Inventeur de la charrue mérita des autels de la reconnoissance de ce

Peuple ingénieux & ſenſible, auſſi juſte appréciateur que noble rémunérateur des grands ſervices & des talens utiles. Chercher les moyens de perfectionner cet Art nourricier que Triptolême apprit à la Grece, c'eſt s'aſſocier en quelque ſorte à ſa gloire ; c'eſt partager ſes droits aux hommages de la Poſtérité.

Malgré tant de ſiécles révolus depuis ſon invention, l'Agriculture eſt encore preſque partout dans une eſpece d'enfance. Une routine ſouvent aveugle y tient lieu de toute méthode & de toute inſtruction. Des pratiques les plus contraires aux principes de la ſaine Phyſique, retardent preſque généralement ſes progrès & étouffent pour ainſi dire ſon eſſor.

Il eſt donc bien eſſentiel que des Sociétés ſavantes & laborieuſes, initiées dans les myſteres de la Nature qu'elles ont obſervée avec ſoin, & dont les connoiſſances forment, par leur réunion, comme un foyer vivifiant de lumieres, cherchent à les répandre ſur le premier, le plus utile & le plus noble des Arts. Il eſt beau de les voir, loin de s'attacher à des matieres ſcientifiques purement ſpéculatives, éclairer de leurs découvertes les procédés des Cultivateurs, diriger leurs travaux, encourager leur zele, & tourner enfin, par des récompenſes honorables, l'activité & l'émulation du Public vers ces objets fondamentaux dont dépendent la multiplication des hommes & la véritable puiſſance des Empires.

La Société Royale de Phyſique, d'Hiſtoire Naturelle & des Arts d'Orléans, pouvoit-elle ſignaler plus dignement ſon nouvel établiſſement qu'en portant d'abord ſes regards patriotiques vers une Provincc voiſine dont le nom ſeul réveille l'idee de la pauvreté & de la miſere ? Pouvoit-elle mériter mieux de ſes Concitoyens, qu'en invitant par des prix; à indiquer *par quel genre de culture ou d'induſtrie on pourroit améliorer le ſol de la Sologne Orléanoiſe & augmenter ſon produit*? Un tel ſujet, vu ſon importance, exigeroit ſans doute un travail bien long, des expériences multipliées ſur bien des points, & des développemens très-étendus, que le terme prochain fixé pour le Concours ne ſauroit permettre. Je me bornerai donc aujourd'hui à mettre ſous les yeux de la Société une ſuite d'obſervations à cet égard que la connoiſſance des lieux & la réflexion m'ont ſuggérées, & je prends la liberté de les lui adreſſer, moins animé encore par l'eſpoir de la couronne propoſée, que par le deſir d'être utile.

Pour me rendre digne de ſon attention & procéder ſur-tout avec ordre, je rechercherai premiérement les cauſes générales de la dégradation de la Sologne. J'examinerai enſuite ſéparément dans chaque branche de culture les abus principaux qui s'oppoſent à ſon ſuccès. J'indiquerai, chemin faiſant, les moyens les plus ſimples, les plus faciles & les moins coûteux pour y remédier; je propoſerai enfin des améliorations particulieres ſur chaque partie, & quelques-autres plus générales.

PREMIERE PARTIE.

La Sologne occupe au Midi d'Orléans, fur la rive gauche de la Loire, un efpace confidérable. Cette Riviere l'embraffe dans fa plus grande longueur, depuis Gien jufqu'à Blois, en formant une efpece d'arc, dont la Ville d'Orléans remplit vers le milieu le point le plus élévé & le plus Septentrional. Le Pays depuis les environs de Gien, fe prolonge prefque en ligne droite jufqu'aux approches de Vierzon, d'où, fuivant le cours du Cher jufqu'à l'embouchure de la Saudre, il vient fe terminer enfin près de Candé, vers l'endroit où le Beuvron fe décharge dans la Loire. Tout le territoire renfermé dans cette enceinte peut comprendre, déduction faite du canton appellé Val-de-Loire, 250 lieues quarrées, ou un million d'arpens. Le fol, à fa fuperficie, n'eft prefque généralement qu'un fable clair, affez fin, mêlangé quelquefois de gravier & de cailloux de modique groffeur, mais très-peu chargé de terre graffe ou végétale proprement dite. Un lit de glaize ou d'argile regne affez conftamment fous celui de fable, fouvent à très-peu de profondeur & ne permettant point aux eaux pluviales de s'infiltrer en s'enfonçant, rend par conféquent les terres fort humides, fur-tout pendant l'Hiver & le Printems. Une telle nature de terrein femble condamner un Pays à la ftérilité. Cependant la Sologne a été autrefois une preuve de ce que peut l'induftrie fecondée par des avances puiffantes & une ſage adminiſtration. Sous l'excellent Roi Louis XII, dont on ne ſauroit prononcér le nom ſans attendriſſement, tout offroit chez elle l'image de la richeſſe & de la proſpérité. Une population nombreuſe animoit & fécondoit chaque branche de culture, ſes côteaux étoient couverts de vignes; pluſieurs petites habitations appellées locatures, occupées par autant de ménages laborieux, entouroient chaque ferme de quelque importance, & formoient comme autant de ſatellites autour de la planette principale. Des beſtiaux abondans & bien nourris, en augmentant la maſſe des engrais, procuroient des récoltes fort heureuſes; & ces récoltes à leur tour favoriſoient la multiplication des animaux & des hommes.

Tel étoit l'état des choſes dans ce tems fortuné; & que l'on ne croie pas qu'on ſe forge à plaiſir un tableau de bonheur chimérique! Des états anciens du produit des dixmes & champarts eccléſiaſtiques qu'on s'eſt procurés (1), prouvent inconteſtablement que la ſeule production des

---

(1) Le Chapitre Royal de Saint Aignan poſſéde dans pluſieurs Paroiſſes de la Sologne, un champart dont l'étendue n'a pas changé, & qui, depuis 1500, ſuivant le tableau qu'il a bien voulu me communiquer bail par bail, a toujours été affermé en grains, ce qui conſtate évidemment l'état de la culture dans les différens Regnes. Ce champart, ſous Louis XII, étoit affermé 86 muids de ſeigle, meſure de Baugency. En 1760 il ne l'étoit plus que 25. On ne doit pas laiſſer ignorer que depuis les exemptions accordées aux défrichemens, & ſur-tout la liberté du commerce des grains, il eſt remonté à 32, ce qui annonce un commencement de régénération, peut-être un peu moins ſenſible toutefois dans les Paroiſſes les plus éloignées des débouchés & d'Orléans, que dans celles aſſujéties au champart en queſtion, qui ne ſont diſtantes de cette Ville que de 6, 7 ou 8 lieues & qui avoiſinent la grande route de Toulouſe.

grains étoit alors triple de ce qu'elle est à présent. D'après cette base principale, on peut juger la même proportion applicable à tous les autres objets. Veut-on des preuves plus frappantes encore & de la prospérité passée & de la dégradation présente ? qu'on jette les yeux sur le Pays même. Toutes les petites Rivieres qui le traversent étoient semées, dans tout leur cours, d'une foule de Moulins très-rapprochés les uns des autres (1). Les Propriétaires ne les avoient certainement fait construire que parce qu'ils leur étoient tout-à-la-fois avantageux à eux-mêmes & nécessaires à la consommation & à l'utilité publique. Depuis cent ans les deux tiers ont disparu, & le peu qui en reste excéde encore les besoins. Les petites locatures dont nous avons parlé ont subi le même sort au grand détriment de l'espece humaine & de la réproduction, & s'il en subsiste encore un petit nombre, il touche à son anéantissement. Quant aux vignes, on ne retrouve plus que la trace de leur existence empreinte sur le sol qu'elles occupoient ; les bruyeres & les landes ont pris la place des raisins (2). Une

---

(1) Dans une Terre que je connois beaucoup & qui est située au bord d'une petite Riviere, il y avoit anciennement six Moulins à la fois pendant l'espace d'une lieue seulemeut. Il n'en reste que deux aujourd'hui, & il s'en est peu fallu qu'on n'en ait détruit encore un il y a quelques années. Son voisinage de l'habitation principale a été la seule cause de sa conservation & de son rétablissement. Si l'on suit tout le cours de cette même Riviere, on trouve une diminution à peu près pareille.

(2) On ne sauroit presque faire un pas dans la Terre que j'ai déja citée, sans rencontrer, au milieu même des bruyeres, des espaces fort considérables, qui, par le rélevement très-apparent de grosses planches

culture chétive & miſérable dans les lieux que les friches n'ont point envahi, ſuffit à peine aujourd'hui à la nourriture des Colons peu nombreux qui luttent encore contre leur deſtruction. Tout enfin annonce, ſoit dans les hommes, ſoit dans les animaux, une race abatardie & dégénérée.

> Horrida nunc dumis, multoſque inarata per annos
> Hæc tellus : deſuntque manus poſcentibus arvis.

Quel contraſte ! Il faut ſans doute des cauſes bien puiſſantes pour avoir produit un effet général auſſi déſaſtreux. Car on ne peut croire que les hommes ſoient aujourd'hui moins intelligens & moins actifs qu'autrefois. Ce n'eſt pas la bonne volonté qui leur manque ; ce ſont les avances. Or, qui peut les avoir enlevées ? l'impôt ſeul, ou plutôt les impôts exceſſifs & mal aſſis. Donnons quelque développement à cette importante vérité.

On ne peut mieux juger de la richeſſe ou de la pauvreté d'un Pays que par le revenu net que l'on obtient de ſon territoire en l'affermant. Or l'on ne craint pas d'avancer que généralement dans la Sologne l'arpent ne ſauroit être affermé, l'un dans l'autre, plus de vingt à vingt-cinq ſols, ſans fourniture de cheptels ou fonds de beſtiaux. Le million d'arpens que nous avons ſuppoſé qu'elle contenoit ne pourroit donc compoſer

---

paralleles, annoncent aſſez pour quiconque a des yeux, que la vigne les occupoit autrefois bien plus fructueuſement. Tous les titres anciens d'ailleurs en font foi & parlent de tous côtés d'une multitude de petits vignobles dont il ne reſte pas aujourd'hui un ſeul arpent.

qu'un fermage ou produit d'un million à douze cent cinquante mille livres. Si l'on compare à présent avec le revenu si modique la somme considérable (1) proportionnellement que l'impôt

(1) Nous aurions fort desiré pouvoir offrir un état exact de la totalité de la contribution de la Sologne aux divers impôts. Nous avions même fait quelques démarches auprès des Personnes employées dans leur perception pour en obtenir les lumieres nécessaires : mais nous n'avons trouvé chez elles ni la même complaisance ni la même confiance que chez Messieurs du Chapitre de S. Aignan. Au défaut du tableau genéral desiré, nous allons en présenter un particulier qui servira toujours à donner une idée très-approchante de la vérité, & nous le comparerons avec un semblable, fait dans un Pays plus riche de la même Province. Nous puisons ces deux états comparatifs, de la Sologne & de la Beauce, dans deux Mémoires lus en Février 1781 à la Société Royale d'Agriculture. L'Auteur de celui qui est relatif à la Sologne établit que, dans une Terre de ce Pays, susceptible peut-être d'être affermée 9000 liv. sans fourniture de cheptels aux Fermiers, la contribution exacte des 32 Métayers & Locataires qui l'exploitent étoit alors de 3550 liv. pour la Taille ; que la consommation de sel, dans les 32 Ménages montoit à 2280 liv. & celle du Tabac à 160 liv. total 5990 liv. Si l'on ajoute à présent les deux Vingtiemes seulement, l'augmentation arrivée dans le prix du sel depuis 1781, & *616* livres *6* sols pour le sixieme de la Taille, avec les dix deniers pour livre substitués à la Corvée, il se trouvera que les impôts ci-dessus mentionnés vont égaler aujourd'hui les cinq sixiemes du revenu de la Terre située en Sologne. Voyons actuellement quel résultat va nous offrir le Tableau de le Terre placée dans la Beauce. Celle-ci est supposée de la valeur de 15864 liv. Les Fermiers y payoient en 1781, 2210 liv. de Tailles ; la Gabelle leur coûtoit 946 liv. & le Tabac 142 livres, total. 3248 liv. Si l'on suivoit cette proportion d'impôts dans la Terre de Sologne, estimée 9000 l. les Fermiers de ladite Terre ne devroient payer pour Tailles que 1245 l. 15 s., pour Gabelle que 536 l. 15 s. & pour le Tabac que 80 l. 10 s., c'est-à-dire, 1861 livres, au lieu de 5990 liv. Cependant ils paient 1°. pour la Taille 3550 liv., c'est 2306 liv. d'excédent ou le triple à peu près. 2°. Pour la Gabelle 2280 liv., c'est 1743 l. 5 s. d'excédent, ou plus que le quadruple. 3°. Pour le Tabac 160 liv. c'est 79 l. 10 s. d'excédent ou le double environ. On peut juger par ce rapprochement qui peut-être n'a pas encore été fait, de quelle maniere différente pesent les divers impôts dans les Pays de grande ou de petite culture. Il établit en même tems le rapport de l'impôt total avec le revenu des deux Cantons. Ici l'on voit qu'il égale ou même surpasse les cinq sixiemes, & de l'autre côté, en ajoutant les deux vingtiemes & le sixieme du montant de la Taille pour le remplacement de la Corvée, on trouve qu'il atteint à peine au tiers.

enleve, on n'aura plus lieu d'être étonné du prodigieux dépérissement que ce Canton a éprouvé. Mais parmi les impôts divers, il en est de plus funestes les uns que les autres; les plus désastreux, sans contredit, sont ceux dont la proportion est la moins relative au revenu. On doit sentir qu'ils doivent finir par l'absorber en entier. Tel est sur-tout l'impôt de la Gabelle. Aussi doit-il être regardé comme la premiere & la principale cause de la ruine de la Sologne. Un peu de réflexion suffira pour en convaincre. Dans les Pays fertiles & de grande culture, son influence a du être bien moindre. En effet, d'après les relevés les plus exacts, la consommation du sel dans une Ferme de Beauce par exemple, du prix de 3000 liv. coûte à peine 300 liv.; l'impôt, dans ce cas, n'est réellement que d'un dixieme par rapport au revenu. Mais dans une Ferme de 300 liv. en Sologne, il s'en consomme souvent pour 150 liv. La proportion dès-lors de l'impôt, au lieu d'être comme un est à dix, devient comme un à deux, & s'accroît d'autant plus que la ferme est modique. Or, la Sologne étant semée jadis d'une quantité prodigieuse de petites fermes ou locatures, comme nous l'avons dit, on doit sentir aisément, d'après ce premier apperçu, comment la Gabelle a du successivement les anéantir. Dans chacune de ces petites habitations, où s'élevoient & logeoient autant de familles, avec quelques pâtres nécessaires pour la garde des vaches, la consommation ordinaire ne pouvoit gueres être moindre d'un quintal. Elles s'affermoient, je suppose, depuis 40, 50, 60

& 70 jusqu'à 100 liv. Lorsque le prix dudit quintal n'étoit que de 10 liv., leur entretien annuel n'exigeant pas plus de 20 à 25 liv., on avoit intérêt de les conserver, & on les conservoit. Mais l'impôt de la Gabelle étant venu dans l'espace d'un ou de plusieurs baux à augmenter de maniere à accroître la dépense de chaque ménage, de 10 l. par exemple, il est clair qu'à la fin de leurs baux, les locataires-fermiers auront fait supporter ces 10 l. aux propriétaires. Dès-lors, la locature de 40 l. sera descendue à 30 liv.; celle de 50 à 40; celle de 60 à 50, & ainsi de suite. Jusques-là, les choses peuvent encore subsister : le propriétaire ne retire presque rien de celle de 30 liv. puisque son entretien peut l'absorber à peu près : il survient une réparation un peu plus forte : il voit qu'il a dû désavantage à construire un domaine de peu de rapport; il l'abolit. Voilà une famille éteinte ou sans emploi, ce qui conduit à la ruîne, & la premiere locature de 40 liv. anéantie. Par une suite de l'inégale répartition de la Taille qui est locale & qui n'a presque aucun égard au revenu total & réel des Paroisses, ni aux facultés & au nombre des contribuables, le taux que supportoit cette locature se trouve reversé sur les autres. Nouvelle surcharge dont elles n'avoient pas besoin. C'en étoit déja trop de celle de la Gabelle dont les augmentations vont toujours en croissant. Après un certain laps de tems, il y a encore 10 liv. de surcroît sur le prix du quintal de sel. Même opération alors de la part des locataires à la fin de leurs baux, pendant le cours desquels leurs avances ont été fort diminuées &

peut-être même absorbées en entier par l'impôt. Ils sont forcés par cette raison de baisser leurs fermages au dessous même des 10 liv. que le sel leur enleve seulement de plus. Mais n'admettons que cette réduction de 10 liv., la locature de 40 liv., ci-devant de 50 liv., devient à 30 livres. Les autres baissent dans le même rapport. Il survient une nouvelle réparation ; elle excéde 30 livres, qu'a-t-on fait ? on a encore aboli cette locature. En voilà déja deux qui ont disparu : autant de familles de moins. Autant de nouveaux taux de Taille qui se reversent sur les restans & achevent de les accabler. L'impôt continue à s'accroître & à agir. Même chance alors. La troisieme locature, ci-devant de 60 liv. redevenue à 30 livres, a son tour de destruction ; & ainsi des autres. Les plus fortes ont du, comme on voit, résister plus long-tems. Mais enfin leur ruine a été nécessitée, tant par l'action directe de la Gabelle, que par la spoliation des avances des locataires & la surcharge successive de la Taille. Car, le mal dans ses effets suit, comme la chûte des corps graves, une progression accélérée. Les petites fermes après ont subi le sort des locatures. Ainsi tous les bestiaux qui servoient à l'exploitation de ces divers domaines ont cessé d'exister. Les jardins, les terres labourables qui en dépendoient n'ont plus trouvé ni d'engrais pour les féconder, ni de bras pour les cultiver. Les ronces & les bruyeres s'en sont emparé.

Tandis que la Taille & la Gabelle concouroient si bien pour la destruction de la culture & des cultivateurs, l'impôt des Aides s'unissoit à elles d'un autre côté pour livrer une guerre non moins funeste à la vigne & aux vignerons : le succès de cette attaque combinée a été leur anéantissement total. Dès-lors les moulins ont été abolis : ils devenoient parfaitement inutiles. Mais la Taille des meûniers, des locataires, des petits fermiers & des vignerons ne s'est point en allée avec eux. On a toujours eu grand soin de la faire supporter à ceux qui n'étoient pas morts. Ce n'étoit pas pour les guérir de leur maladie. L'inégalité progressive de la répartition a été telle sur ce point que je ne doute pas que dans une Paroisse où il ne seroit resté que cent contribuables au lieu de mille, on ne leur eût fait supporter le fardeau partagé ci-devant entre les mille (1). Le tarif fait dans les temps de prospérité où une population nombreuse soutenue d'une abondante reproduction subvenoit aisément à cette charge publique, a toujours servi de base. On n'a jamais songé que les moyens de payer n'étoient plus les mêmes ; que le nombre des propriétés & des Colons étoit bien différent. Ce n'est pas tout, les Guerres & les besoins Publics ayant successivement nécessité un accroissement sur les divers Brevets de la Taille & de ses accessoires, les

(1) On est très-éloigné de vouloir inculper ici l'Administration présente, dont les intentions équitables sont assez connues. L'abus que nous relevons n'est point son ouvrage. Il est l'effet d'une erreur de plusieurs siecles qui n'a subsisté probablement si long-temps que parce qu'elle n'étoit pas apperçue & qui n'a besoin que d'être dévoilée pour être bientôt rectifiée sans doute. Le zele du jeune Magistrat à qui cette Province est confiée, nous en devient un sûr garant.

augmentations ont toujours été réparties d'après les anciens rôles, de forte que la charge qui pour un Pays plus heureux se trouvoit je suppose, double dans ce cas, devenoit triple & quadruple proportionnément pour la Sologne & précipitoit encore sa ruine (1).

Espérer de revivifier un Pays lorsque des causes aussi destructives agissent constamment pour aggraver sa misere, c'est vouloir avec de simples rames traverser l'Océan malgré les vents contraires. Tant qu'elles subsisteront, on ne sauroit s'attendre à aucun succès général ni

(1) Veut-on un exemple frappant de l'accroissement de surcharge qu'entraîne l'inégalité de l'assiette de la Taille ? la circonstance présente va nous le rendre bien sensible par l'application. La corvée en nature vient d'être convertie en une imposition d'un sixieme du montant de la Taille, cette substitution va coûter à la terre de Sologne de 9000 liv., 616 liv. 6 sols comme nous l'avons vu ci-dessus. Elle ne coûtera à celle de Beauce de 15864 liv. que 383 liv. 13 s. 8 d. en y comprenant les 10 den. pour livres de frais de perception. La parité exigeroit que la premiere ne payât que 217 liv. 13 sols 3 den. Voilà donc la contribution de la Sologne au rachapt de la corvée proportionnellement à celle de la Beauce à-peu-près comme 3 est à 1. C'est ainsi que son sort a toujours été en empirant. Le plan adopté en ce moment par Sa Majesté au sujet de la Corvée, rend donc évidemment plus nécessaire une plus juste répartition de la Taille. Un nouveau motif bien pressant s'y joint encore. La plus grande partie des Paroisses de la Sologne trop éloignée de la route de Toulouse, la seule qui la traverse, ne contribuoit en rien à sa confection. En vertu de cet affranchissement on a du de préférence augmenter les rôles d'impositions de ces Paroisses pour soulager un peu celles qui étoient assujetties au fardeau de la corvée. Une substitution générale au prorata de la Taille existante, va donc devenir pour ces premieres qui profitent le moins de l'avantage des chemins, une double charge inattendue sans aucune espece d'indemnité. Tant de raisons réclament puissamment une plus exacte proportion d'impositions. Cette égalisation a d'ailleurs formé le vœu constant de Sa Majesté exprimé formellement dans plusieurs de ses Edits bienfaisans, & elle l'a toujours regardée comme un des plus sûrs moyens de soulagement pour ses Peuples.

permanent. Il en eſt une parmi elles dont le Gouvernement ſeul a le droit & le pouvoir de nous délivrer, & elle eſt bien faite pour exciter ſon attention. Auſſi deux des Miniſtres Citoyens qui ont honoré ce regne, infiniment convaincus des effets déſaſtreux de la Gabelle, s'étoient-ils fort occupés, l'un de l'abolir tout-à-fait, l'autre de la modifier. Faiſons des vœux pour que leurs Succeſſeurs ne perdent pas de vue un projet ſi néceſſaire pour la reſtauration des Provinces pauvres & ſi propres à immortaliser celui qui l'exécutera. En attendant un pareil bienfait, ne ſeroit-il pas poſſible au moins de rémédier aux abus que nous avons annoncés ſur la Taille ? Il eſt digne de l'Adminiſtrateur bien intentionné qui eſt à la tête de la Province de l'Orléanois, & qui préſide la Société Royale de Physique de commencer & de mettre à chef une entrepriſe auſſi importante. Il eſt dans cet âge heureux ou le deſir & l'amour du bien ſont le plus impérieux; ou l'ame a toute ſon énergie pour le concevoir & l'exécuter; & où l'on peut eſperer de jouir au moins du fruit de ſes travaux.

Je vais donc tracer ici les moyens de faire diſparoître cet excès du poids de la Taille qui accable la Sologne, & l'inégalité frappante de la répartition de cette impoſition dans la Généralité. Ce plan entre naturellement dans le ſujet qui m'occupe; & ce ne ſera peut-être pas la partie la moins utile de ce Mémoire.

On ſent aiſément qu'il eſt intrinſéquement injuſte que les Citoyens ſemblables, je ne dis pas d'un même Empire, mais d'une même Province concourent diverſement aux charges publiques; que les uns ſoient écraſés tandis que les autres ſont ſoulagés ; que le taux de la Taille par exemple, pour rendre la choſe plus ſenſible par l'application, ſoit dans des Paroiſſes à raiſon de dix ſols pour livres du revenu, comme dans la plupart de celles de Sologne, lorſque dans beaucoup d'autres il n'eſt que de 3, 4 ou 5 ſols. Rien de plus ſimple & de plus facile en apparence que le remede à ce mal. L'égaliſation, dira-t'on d'abord au premier coup-d'œil, eſt de droit; & pare ſur le champ à tout. Sans doute il n'y a pas d'autre parti à prendre, d'autre moyen à chercher. Mais l'extrême difficulté gît dans l'exécution; il n'eſt point d'opération qui exige plus de précautions, plus de ſageſſe, plus de travail & plus de temps. Il faut concilier la Juſtice diſtributive particuliere avec la Juſtice générale; il faut opérer ſur des baſes fixes & certaines. Il faut être ſur de pouvoir renverſer tous les obſtacles, de pouvoir faire taire ſur-tout, tous ces murmures toujours ſi multipliés lorſqu'on innove pour le bien Public; car preſque perſonne n'eſt aſſez juſte pour lui ſubordonner ſon intérêt particulier. Il faut, qu'avant de mettre la main à l'œuvre, un Adminiſtrateur ait bien ſondé ſon cœur; qu'il ne cherche que dans lui ſeul la récompenſe de ſes peines, & qu'il ſoit prêt enfin à braver conſtamment le mécontentement chaud & bruyant de quiconque ſe croira lézé, pour n'obtenir que la reconnoiſſance froide & ſouvent muette de ceux dont il aura embraſſé la cauſe & augmenté la fortune.

Telle eſt donc la marche que l'on croiroit

prudent de tenir pour parvenir au but desiré de l'égalisation de l'impôt de la Taille.

Le premier travail indispensable doit être de s'assurer du produit ou revenu de chaque Paroisse de la Généralité. On trouvera cette opération très-avancée soit par les vérifications exécutées depuis quelques années pour l'assiette des vingtiemes, soit par la répartition des Tailles faites d'Office devant les Juges des Elections. Il suffira donc de s'occuper des Paroisses qui n'ont point encore été vérifiées ; les Tribunaux des Elections sont dans le cas d'achever cette tâche avec soin en peu d'années. Cela fait, on aura sous les yeux le tableau de ce que chaque Paroisse paie aujourd'hui de sols pour livre de son revenu, & l'on sera à portée de comparer les Paroisses & les diverses Elections entr'elles. Mais il faudra bien se garder sur-tout lorsqu'on procédera à l'égalisation de ne faire l'ouvrage que partiellement Election par Election sous prétexte de simplifier & d'avancer plutôt l'opération. On ne feroit alors qu'un travail incomplet & vicieux. Si une Election est généralement trop chargée comme celle de Romorentin, par exemple, on aura beau répartir également sa quote-part d'impositions entre les différentes Paroisses de son ressort ; le mal pourra être mieux distribué ; mais il ne sera pas guéri ; & le soulagement seroit presque nul pour l'ensemble du Canton. Il faudroit donc revenir sur ses pas & procéder un jour à une nouvelle refonte, ce qui n'est propre qu'à inspirer de la défiance pour l'Administrateur & pour ses projets. Il s'agit de travailler en grand & de de faire une opération ſolide, permanente & juſte, qui puiſſe ſervir de modele aux autres Généralités.

Lorſque le revenu de toutes les Paroiſſes aura été déterminé, il ſera facile de l'additionner. On le comparera avec la ſomme totale demandée par le Gouvernement à la Généralité pour les deux Brevets de la Taille & ſes acceſſoires, dont je ne ferai plus déſormais de diſtinction, & l'on aura alors le véritable rapport de l'impoſition avec lui. Suppoſons que ce rapport ſoit comme un eſt à quatre, voilà la baſe de répartition trouvée pour toutes les Paroiſſes qui n'auront à payer que 5 ſ. pour livre de leur produit. Il ne ſera plus queſtion que de porter à ce taux celles qui n'y ſont pas & de réduire celles qui l'excédent. Mais que l'on n'imagine pas pouvoir faire un pareil changement tout-à-coup; outre le danger d'une ſecouſſe toujours à éviter en fait d'adminiſtration, on s'expoſeroit à manquer à la Juſtice, tout en ne travaillant que pour elle: en effet, dans les Paroiſſes trop peu taxées aujourd'hui, toutes les conventions des Fermiers & tous leurs Baux ne s'étant établis qu'en raiſon de cet état de choſes conſtant & connu, une augmentation ſoudaine de leurs charges, dérangeroit toutes leurs combinaiſons & ne manqueroit pas d'entamer leurs avances pendant tout le cours de leurs engagements, au préjudice de la culture & de l'équité perſonnelle qui leur eſt due. D'un autre côté les Fermiers des Cantons trop impoſés, n'ayant contracté qu'avec connoiſſance du lourd fardeau auquel ils ſont cenſés dès-lors s'être ſoumis, n'ont pas un droit rigoureux à en être particuliérement délivrés & sur-tout sur le champ. On estime donc que le reversement ne devroit se faire que successivement & peu-à-peu. Le terme de vingt années pour mettre tout de niveau ne paroît pas trop long. Ainsi, une Paroisse qui devroit être augmentée de cent pistoles, ne subiroit qu'un accroissement de 50 livres chaque année. La décharge seroit la même dans celle qui supporteroit un excédent de taux de 1000 livres. L'égalisation par ce moyen se trouveroit établie insensiblement sans choc, sans inconvénients, & pour ainsi dire sans que l'on s'en doutât. Ce n'est point cependant à cacher son opération & à en déguiser les effets que l'on doit mettre ses soins & attacher son espérance. Au contraire, c'est de la publicité & de la plus grande publicité seule que l'on doit attendre son succès : sans cela l'on échouera infailliblement. Lorsque l'on fait le bien, on ne sauroit trop se montrer à la lumiere. Les ténebres ne sont faites que pour l'ignorance & la mauvaise volonté.

Il sera donc essentiel, avant de rien commencer même, de faire imprimer, publier & afficher dans chaque Paroisse un Tableau par colonnes contenant. 1°. Le nom de toutes les Paroisses ; 2°. le revenu particulier auquel elles ont été estimées à côté ; 3°. le revenu total de la Généralité ; 4°. le taux général de la Taille exigée de toute la Généralité ; 5°. sa proportion avec le revenu total ; 6°. le taux auquel chaque Paroisse a été accoutumée d'être imposée ; 7°. celui auquel elle devra l'être à l'avenir en observant la proportion de l'impôt avec le revenu ; & 8°. enfin l'accroissement ou diminution qu'elle doit éprouver chaque année, jusqu'à l'expiration des vingt ans qui doit completter l'article précédent.

Ce Tableau annoncé & promulgué d'avance dans chaque Paroisse, ne devroit avoir son exécution que quatre ans après. Cet espace de tems forme à-peu-près le terme moyen de l'existence des Baux actuels. Tous les Propriétaires & Fermiers, se trouvant alors instruits des changemens qui doivent arriver soit à leur avantage, soit à leur désavantage, stipuleroient en conséquence : & personne ne pourroit avoir lieu de se plaindre d'être lézé. Ainsi, après le travail de l'estimation du revenu des Paroisses, vingt-quatre années suffiroient pour completter entierement l'opération. Si l'on croyoit pouvoir sans risques la précipiter un peu plus sur la fin, on en seroit le maître. L'expérience en ce cas serviroit de leçon.

Mais nous le répétons; ce n'est qu'en s'avançant à la faveur de la plus grande clarté qu'on peut arriver sûrement au but: le repos de l'Administrateur, sa réputation même en dépendent. Le Tableau imprimé doit lui servir d'égide. Si quelque Propriétaire puissant des Paroisses qui seroient dans le cas d'être beaucoup augmentées, venoit à élever la voix, c'est avec lui qu'il peut le pétrifier pour ainsi dire ou du moins lui fermer la bouche, en lui répliquant; qu'avez-vous a opposer à ce Tableau? convenez-vous du revenu porté à la Paroisse? si cela est, dequoi vous plaignez-vous?

la conféquence de la charge n'eft-elle pas jufte & néceffaire? Dès-lors plus de foupçon de faveur, de prévention, de partialité, d'animofité. La loi eft claire; elle eft écrite, elle eft générale pour tout le monde: on connoît la contribution demandée; on connoît la contribution répartie. Il n'y a plus lieu de fuppofer ni d'augmentation obfcure, ni de détours clandeftins. La bonne foi s'établit où régnoit la défiance. Dès-lors, plus de rivalité, plus de jaloufie entre les diverfes Paroiffes & fouvent entre les plus voifines. Toutes fauroient qu'elles font également traitées, & qu'il n'exifte plus de différence. Le bien moral s'unit ainfi au bien phyfique, ou plutôt en dérive. Dans l'état préfent de cahos & de défordre fur la répartition des Impôts, c'eft à qui les efquivera, fut-ce aux dépens de fon voifin. Les Citoyens reffemblent à des Fuyards dans une déroute. Sauve qui peut. Heureux qui peut échapper à l'Impôt. Malheureux celui qu'il faifit & qu'il écrafe. Qu'arrive-t-il delà? un oubli de tous les principes; un éloignement de tout efprit d'ordre & de juftice; un détachement général de la chofe publique. Et l'on s'étonne après cela qu'il n'y ait plus de Patrie ni de Patriotifme.

L'avantage qui doit réfulter du nouveau plan d'égalifation dont nous venons de nous occuper, pourroit n'être pas borné à la Province qui l'exécuteroit la premiere; on ofe croire qu'il pourroit s'étendre à tout le Royaume: en effet, fi le Miniftre des Finances fe faifoit donner un état exact du revenu de chaque Généralité, Paroiffe par Paroiffe, il lui feroit très-facile de le comparer avec la somme demandée pour la Taille. La proportion respective de la charge de chaque Province se trouvant alors établie, il auroit sous les yeux, la différence des contributions entr'elles, & avec celle que le rapport de l'Impôt total de la Taille avec le revenu total des Provinces qui l'acquittent, établiroit comme devant servir de regle & de base pour l'égalisation générale. Le travail qui auroit été fait dans une Généralité pour le nivellement des diverses Elections, deviendroit le même pour celui des différentes Provinces entre-elles; & en admettant le même terme de vingt années pour cette opération, on seroit parvenu à ôter à un Impôt très-considérable & très-redouté, tout son arbitraire, & à lui donner l'assiette la plus égale, la plus uniforme pour tous les Sujets & en même-temps la plus juste. Et la reconnoissance & la gloire en seroient dues à l'Intendant qui l'auroit le premier exécutée dans sa Province.

En cherchant à diriger vers un objet aussi important, l'attention du Magistrat, Président de la Société Royale de Physique, j'ai jugé assez bien de l'honnêteté de son ame & de la pureté de ses vues, pour croire, que toute recherche & tout travail sur cette matiere ne pourroient tendre qu'à une répartition plus égale de la somme demandée aujourd'hui à la Généralité, sans devenir jamais un moyen de la faire augmenter, en portant par égalisation les Cantons moins taxés au taux des plus imposés. Si tel devoit être le résultat de cette discussion, je ne me pardonnerois jamais de l'avoir agitée; je ne croirois pas pouvoir aſſez effacer par mes larmes un écrit ſi funeſte. Il ſeroit déjà devenu la proie des flammes. J'oſe préſumer également que ſi l'on appliquoit ce ſiſtême à l'univerſalité des Provinces, on n'y ſeroit porté que par un eſprit de bienfaiſance & de Juſtice & nullement par des vues fiſcales. Ce ſeroit mal connoître les diſpoſitions favorables de Sa Majeſté pour le bonheur de ſes peuples & les intentions Patriotiques de ceux qu'il rend dépoſitaires de ſes volontés & de ſon autorité que d'avoir une autre idée.

On pourra m'objecter peut-être que la Sologne reſtant aſſujettie à l'Impôt du ſel qui peſe ſur elle plus que ſur tous les autres Cantons plus riches de l'Orléanois, il ſeroit juſte, pour lui procurer tout le ſoulagement qu'elle a lieu d'attendre, de la décharger ſur la Taille en raiſon de la ſurcharge qu'elle reçoit de la Gabelle, ſans obſerver ce plan rigoureux d'uniformité auquel nous nous ſommes attachés. Cette obſervation eſt fondée; mais il eût eté bien difficile d'évaluer cette proportion reſpective du fardeau de la Gabelle qui varie ſuivant les facultés & les propriétés des divers contribuables, ainſi que nous l'avons fait ſentir ci-deſſus. Cette diſtinction d'ailleurs pourroit donner lieu à des réclamations & des plaintes auxquelles on n'auroit pas de réponſe victorieuſe à oppoſer ſur le champ. Enfin nous avons préféré de propoſer ſur un Impôt fondamental un plan uniforme, légal & fait pour durer; dans l'eſpoir ſur-tout que le Gouvernement frappé des ſiniſtres effets de la Gabelle, ne tardera pas à s'occuper du ſoin très-inſtant d'y remédier.

Si ce bienfait important & si desirable concouroit avec l'utile rétablissement de l'ordre quant à la répartition de la Taille, il seroit peu nécessaire de chercher de nouveaux genres de culture & d'industrie : ou ils s'établiroient d'eux-mêmes ; ou l'on tireroit un meilleur parti de ceux qui existent. Les richesses ne sauroient être ni oisives ni mal employées dans les mains des cultivateurs. L'Impôt jusques ici, non-seulement a détruit les avances primitives , mais il a entamé encore chaque année les reprises nécessaires à la reproduction suivante. Dès qu'il cessera de les enlever, elles retourneront bientôt dans le sein de la terre qui les reclame pour s'y multiplier & le régénérer. Voilà le seul & unique spécifique. Tout ce que l'on pourroit proposer sans cela ne serviroit tout au plus que de léger palliatif. Quiconque promettra d'avantage, ne peut être qu'un charlatan qui se vanteroit d'arrêter le cours d'un torrent avec une planche , ou de soutenir avec un roseau un édifice qui s'écroule. Envain indiquera-t-on de nouvelles especes de grains, de nouvelles plantes, de nouvelles racines dont on prônera le succès obtenu peut-être dans quelques terreins privilégiés ou du moins de peu d'étendue ; si le sol appauvri de longue main & dénué d'amendement & d'engrais se refuse en général à toutes ces innovations, quel fruit notable peut-on attendre de ces recettes prétendues si merveilleuses ? A de pareilles annonces je crois entendre l'enchanteur Maupin crier, *la seule richesse du Peuple.*

Envain insistera-t-on sur l'établissement de

quelque Manufacture ? mais rien de plus fautif d'ordinaire : on ne commande point à la confiance publique. Il n'en peut résulter tout au plus que quelque avantage local, qu'on est bien loin de rejetter, mais sur lequel on ne doit pas trop compter. D'ailleurs, pour manufacturer, il faut des denrées ; il faut des matieres premieres. Or, d'où les tire-t-on ? la belle, la grande, l'inépuisable Manufacture, c'est la Campagne. Voilà celle qu'il faut exploiter.

Envain en Sologne fouillera-t-on dans les entrailles de la terre pour y découvrir ou des carrieres de pierre & de marbre dont elle est totalement denuée, ou des métaux qui lui manquent, ou du charbon minéral que l'on ne doit gueres espérer de rencontrer dans un Pays peu montueux, nullement chargé de terre alumineuse, dépourvu de grais, de pierres calcaires & à lonchites, & où l'on n'apperçoit aucunes exhalaisons sulphureuses, indices ordinaires de la houille. Quand bien même on seroit assez heureux pour trouver par hasard dans quelque Canton quelques-unes de ces choses, quand on y découvriroit des filons de mines d'or, le reste du Pays pourroit n'en être ni moins pauvre, ni moins misérable, ni moins mal cultivé.

> Aurum irrepertum, & sic melius situm
> Cum terra celat, spernere fortior,
> Quam cogere humanos in usus,
> Omne sacrum rapiente dextra. (*Hor.*)

Non : ce n'est point dans la profondeur de son sein que la terre cache les vrais trésors & qu'elle nous invite à les chercher. C'eſt à ſa ſurface qu'elle aime à déployer & répandre toutes ſes richeſſes avec magnificence & profuſion. C'eſt-là qu'elle n'eſt point avare, lorſqu'on ſait bien lui demander. C'eſt donc à la ſolliciter fortement qu'on doit mettre tous ſes ſoins. Le grand art eſt de ſavoir démêler ce qui eſt propre à chaque terrein & de l'y employer en conſéquence : car, quelque ſoit l'induſtrie humaine, il ne lui eſt pas donné, ou du moins il ne lui eſt pas avantageux de forcer la nature. Les étangs peuvent être utiles ; mais on n'en forme pas dans des plaines, il faut des vallons. Les prairies conſtituent l'emploi le plus favorable d'un terrein & l'on ne ſauroit trop les multiplier ; mais il faut que le local s'y prête : elles ſe trouvent ordinairement placées au bord des rivieres & des ruiſſeaux ; on n'eſt pas le maître de les faire couler à ſon gré. Les bois ont auſſi leur importance ; mais elle dépend beaucoup des beſoins & des débouchés. S'il exiſte une proportion pour l'eſpace reſpectif que chacun de ces objets doit occuper avec la culture pour obtenir le plus grand produit dans un Canton donné, elle eſt ſubordonnée à tant de rapports, elle ſeroit ſi contrariée par la Nature, que peut-être dans le fait ne ſeroit-elle applicable à aucune propriété exiſtante & déterminée. Quelque curieuſe que puiſſe être une pareille queſtion, on doit la regarder comme ſi ſpéculative, que ſa recherche en ce moment, malgré l'invitation de la Société Royale de Phyſique, nous a ſemblé pouvoir être obmiſe, ſans inconvénients. L'eſſentiel pour chaque

Propriétaire, comme nous l'avons déjà dit, est de tirer le meilleur parti possible du sol que la Providence lui a départi, quel qu'il puisse être.

La Sologne offre une assez grande variété de produits & de productions: nous ne proposerons point de s'attacher à l'amélioration d'une partie en négligeant les autres. L'Agriculture n'admet point ces prédilections exclusives: tout chez elle se lie, s'enchaîne & doit marcher ensemble. C'est donc de la restauration de tous les objets dont il faut s'occuper. Autrement l'on ne sauroit espérer aucune régénération véritable & permanente. Chaque partie a une influence réciproque l'une sur l'autre & doit se prêter un mutuel secours. La restauration des pâturages & des prairies permet de multiplier les bestiaux. Ceux-ci devenus plus nombreux, fournissent plus d'engrais: ces engrais déterminent une reproduction de grains & de fourages plus abondante. Ces récoltes fournissent les moyens à leur tour de conserver & de nourrir mieux ces bestiaux précieux, qui, à la faveur des engrais versés aussi sur les prairies, trouvent une subsistance plus considérable & plus succulente. Tel est le cercle de prospérité qu'il s'agit de suivre & d'aggrandir. Nous allons donc jetter un coup-d'œil rapide sur les prairies, les bestiaux, les terres labourables, les étangs & les bois de la Sologne, & malgré leur intime relation nous en formerons autant d'articles séparés, pour mieux fixer l'attention ou la moins fatiguer, ce qui composera la seconde partie de ce Mémoire. Tous ces objets, excepté les étangs, dans lesquels la Nature seule fait presque tous les frais du produit & sur lesquels l'action des Impôts a beaucoup moins influé, sont aujourd'hui dans l'état le plus affligeant de dégradation. Nous l'exposerons sommairement pour ne point abuser de la patience de la Société Royale de Physique, & nous proposerons sur chaque point quelques changemens & améliorations que nous osons croire utiles & praticables en partie, sans exiger de trop fortes dépenses de la part des Propriétaires & des Cultivateurs; mais dont l'exécution pleine & entiere n'attend que la rentrée des avances & le retour des richesses entre leurs mains.

SECONDE PARTIE.

ARTICLE PREMIER.

Des Prairies.

Quoique dans tout établissement primitif de culture il soit au moins aussi nécessaire de se procurer d'avance des grains pour les semences & la nourriture des Cultivateurs que des fourages pour la subsistance des animaux qui doivent les aider dans leur exploitation, nous supposerons cependant avec beaucoup de vraisemblance que la recherche & multiplication de ces derniers a du précéder le labourage. Les premiers hommes réunis en société ont du être nécessairement Pasteurs & l'ont été en effet; l'Ecriture Sainte nous en fournit la preuve dans l'histoire des anciens Patriarches. Il étoit bien plus ſimple & bien plus naturel d'élever & de raſſembler des animaux paiſibles, dont la chair & le lait fourniſſoient la nourriture & la peau l'habillement, & qui vivoient des productions ſpontanées du ſol, que de labourer la terre avec peine. L'Agriculture proprement dite, ſuppoſe d'ailleurs un commencement d'obſervations aſtronomiques, l'art de forger les métaux, celui de broyer les grains & d'en extraire la farine, & beaucoup d'autres connoiſſances qui ne peuvent-être que le fruit de la réflexion, du temps & de la néceſſité (1). Lorſque les hommes ſont devenus plus nombreux, les beſtiaux ne ſuffiſoient plus à leur nourriture, parce qu'ils ne pouvoient pas eux-mêmes trouver à vivre ni ſe multiplier en raiſon des beſoins. On a donc été obligé de chercher dans la culture des graines nutritives de nouveaux moyens de ſubſiſtance. Mais l'entretien & l'amélioration des paturâges & des prairies n'ont pu manquer d'être auparavant l'objet de leur attention & de leurs ſoins. Nous commencerons donc également l'examen que nous nous propoſons de faire des diverſes productions de la Sologne, par cet article fondamental qu'on peut regarder comme le principe du ſuccès de tous les autres; mais nous mettrons à l'écart les prairies artificielles qui ſemblent convenir davantage à la Beauce & aux autres Pays gras & fertiles,

---

(1) La Fontaine a dit: *Néceſſité mere d'invention.*

dépourvus d'ailleurs de rivieres & de ruisseaux, pour nous occuper seulement des prairies naturelles, assez communes en Sologne, mais en général très-négligées.

L'herbe sans contredit est un bienfait spontané de la Nature ; elle paroît croître sans art. Les rivieres & les ruisseaux ont constitué d'eux-mêmes les prairies sur leurs rives. Leurs débordemens pendant l'hiver & le printems ont insensiblement uni & égalé le terrein à quelque distance à droite & à gauche de leur lit & entraîné une partie des mauvaises graines qui auroient pu l'envahir. Le limon de leurs eaux est devenu un engrais qui l'a successivement élevé. Enfin le desséchement du sol aux approches de l'été, joint à la chaleur du soleil a fait germer tous les graminés. Quoique la Nature ait beaucoup fait sans doute pour ce genre de productions, elle a besoin d'être encore secondée par l'industrie humaine. *Le plus beau traité, le plus bel acte d'administration, seroit celui qui feroit croître deux brins d'herbe où il n'en poussoit qu'un auparavant*, comme l'a si bien dit le fameux Doyen d'Irlande dans ce roman si fou en apparence, mais dans le fait si rempli de grandes vues, de profondeur & de raison. Deux obstacles principaux s'opposent en général à cet effet desiré. La trop grande humidité ou la trop grande sécheresse. Dans beaucoup d'endroits les rivieres, en se débordant pendant l'hiver, ont, par leur courant, creusé la nappe des prairies au dessous du niveau de leurs bords, de sorte qu'en rentrant dans leur lit, l'eau reste stagnante dans ces parties plus basses & souvent n'eſt pas même évaporée au moment de la fauchaiſon. Dès lors l'herbe ſe pourrit. Le ſol ne pouſſe que des plantes aquatiques d'une mauvaiſe nature, du jonc, des roſeaux &c. Ces terreins étant toujours humides, les beſtiaux en y pâturant les délayent encore plus avec leurs pieds. Un nouveau débordement ſurvient qui entraîne facilement des terres mobiles. L'enfoncement ainſi augmente journellement. Le remede à cet inconvénient dont on ne s'occupe preſque nulle part, eſt bien ſimple & bien facile. Il conſiſte à pratiquer de petites rigoles plus ou moins larges, plus ou moins profondes ſuivant l'exigence des cas & en obſervant les niveaux de pente, de maniere que les eaux ne dorment plus dans de pareils fonds & quelles retournent dans les rivieres d'où elles ſont ſorties à meſure que celles-ci baiſſent. Ces parties, ſe deſſéchant alors, ſe couvriront d'herbe en peu de temps & deviendront les plus productives. Si le ſol en général eſt uni, ces rigoles ſuffiront. mais ſouvent ces eſpeces de vallées, en Sologne, ſont ſemées d'une multitude de mottes tremblantes & mobiles lorſqu'on marche deſſus, très-peu diſtantes entr'elles & ſouvent élevées de plus d'un pied au deſſus des intervalles qui les ſéparent. Elles ne ſont formées que de plantes aquatiques dans le genre des *Carex*, dont le fourrage eſt déteſtable & peu abondant. Il ne croît rien au pied de ces mottes où l'eau toujours arrêtée reſte en ſtagnation. D'ailleurs la faux ne ſauroit y paſſer; elle ne peut s'emparer que des mauvaiſes herbes qui excédent ces petits monticules & dont la plus grande partie pendante tout autour lui échappe néceſſairement. De pareilles prairies fort communes en Sologne reſſemblent plutôt à des marais mal ſains, & contribuent beaucoup à la mauvaiſe qualité de l'air dont on ſe plaint. Pour obvier à tous ces accidens, il n'eſt queſtion que de faire couper avec des pioches larges & tranchantes, toutes ces mottes bien au niveau du fond, en évitant de former des creux; on les raſſemblera en divers monceaux dans les endroits les plus élevés. Quelques jours de ſoleil ſuffiront pour les déſſécher : après quoi l'on y mettra le feu & l'on étendra ſur le terrein les cendres qui le fertiliſeront. Tout ce travail n'eſt pas très-diſpendieux. Il en réſultera un nivellement parfait du ſol que l'on pourra déſormais faucher également; l'eau ne pourra plus y ſéjourner, n'y ayant plus rien qui l'arrête; l'eſpace pelé occupé par les mottes ne tardera pas à ſe couvrir d'herbe; tout ce local enfin qu'on pourroit regarder comme nul dans la prairie, en formera la meilleure partie. Il ne ſera pas même toujours néceſſaire de pratiquer les rigoles dont nous avons parlé ci-deſſus. On n'y aura recours qu'au cas qu'on s'apperçoive encore d'un trop long ſéjour des eaux dans les fonds.

Souvent la trop grande humidité des prairies eſt entretenue par les eaux froides des ſources vagues qui s'épanchant des petits côteaux contigus, filtrent & ſe gliſſent ſans avoir d'iſſue certaine ſous la ſuperficie des prés, ſoulevent le terrein, en font preſque partout des eſpeces de fondrieres, & ne permettent qu'à la mouſſe & au petit jonc de s'établir & de croître à la place de la bonne herbe. Il n'y a pas d'autre moyen efficace de parer à ce désordre que de pratiquer au pied de ces côteaux un fossé qui coupe tous ces divers courans ou filets d'eau & qui lui servant de chemin la conduise habituellement par l'endroit le plus bas de la prairie jusqu'à la riviere voisine. Le terrein des prés se desséchant alors se raffermira : la mousse & le jonc disparoîtront; & le foin que l'on recueillera après cette opération sera aussi bon & aussi abondant que celui que l'on obtenoit auparavant étoit mauvais & rare. Il faut observer de ne point jetter les terres qui sortiront du fossé que l'on pratiquera, du côté de la prairie dont on couvriroit & perdroit ainsi une partie, mais bien du côté du côteau. D'ailleurs il doit résulter encore un autre avantage de ce fossé. Si les sources poussent un peu abondamment, il sera très à-propos en été d'y faire des batardeaux de distance en distance. L'eau s'y conservant entretiendra la fraîcheur de la prairie & même en s'élevant pourra s'épancher par dessus les bords & courir sur la superficie de l'herbe & procurer ainsi à volonté des arrosemens dont en général dépend le plus grand succès de cette espece de production ; car autant il est nuisible d'avoir dans les près ou une eau dormante qui pourrit l'herbe ou une eau vague qui, se glissant habituellement entre deux terres, l'empêche de croître ; autant est-il profitable de pouvoir la répandre de tems en tems sur la surface avec une sage mesure & une juste proportion.

Cet art des irrigations, si bien célébré par Virgile, pratiqué encore si heureusement aujourd'hui dans

dans la riche Lombardie, & auquel la Normandie doit la célébrité & le produit étonnant de ses herbages & de ses prairies, est bien digne de l'attention & des soins du Propriétaire intelligent, jaloux de retirer de cette nature de bien tout ce qu'on peut en attendre. On peut assurer qu'il n'y a plus rien à desirer en ce genre lorsque sur le soir d'un beau jour d'été on peut dire avec le Cygne de Mantoue :

Claudite jam rivos pueri ; sat prata biberunt.

La Sologne présente bien des facilités pour pratiquer cette méthode salutaire. Mais l'on ne sait pas profiter, ou l'on ne songe pas même à profiter des moyens fournis par la nature. Ici, des moulins sont établis de distance en distance sur les rivieres un peu considérables. Il seroit fort aisé aux Propriétaires, en les affermant, de se réserver l'eau pour en disposer à leur volonté pendant douze ou quinze jours séparés du printems & de l'été. Ce qu'ils pourroient perdre sur leurs baux en raison de cette convention, seroit bien peu de chose en comparaison du bénéfice qu'ils obtiendroient par l'arrosement de leurs prairies. L'eau se trouvant arrêtée par les digues & les pelles des moulins qui ne tourneroient pas ces jours-là, forceroit les rivieres à se déborder à droite & à gauche de leurs rives & baigneroit ainsi une partie du moins des prés supérieurs. Ce n'est pas tout : les prés au dessous des moulins se trouvant nécessairement plus bas de plusieurs pieds que le niveau auquel l'eau seroit parvenue, il feroit très-poffible & très-avantageux par le moyen de quelques auges & canaux d'y faire courir cette eau fupérieure & de procurer dans ces parties à la faveur de cette élévation, un arrofement complet. Au furplus on ne fauroit tracer à cet égard des regles certaines. Tout en cela dépend à la fois du local & de l'intelligence de celui qui préfideroit à cette opération. Il fuffit de l'avoir indiquée. Ailleurs, dans les rivieres plus petites & dépourvues de moulins, il feroit bon d'avoir des vannes portatives à la faveur defquelles on feroit regonfler l'eau. On les placeroit ainfi de maniere à faire arrofer les parties qui en auroient le plus de befoin ou qui feroient fufceptibles de l'être ; & lorfqu'un canton feroit affez humecté, on les changeroit de place pour procurer à un autre le même avantage. Cela n'empêcheroit pas qu'on ne recueillit avec foin toutes les eaux des fontaines qui pourroient defcendre des petits côteaux & même celle des foffés établis pour le defféchement des terres labourables, & qu'on ne la dirigeât de façon à arrofer les endroits les plus élévés des prairies où les rivieres en fe débordant n'auroient pu atteindre. C'eft du concours de ces deux moyens qu'on peut efpérer le fuccès le plus favorable, & la production la plus abondante, fur-tout fi l'on a eu le foin avant tout de bien nettoyer la prairie des buiffons, des arbuftes, des arbres & des racines, qui prefque par-tout envahiffent & endommagent une grande partie du terrein. Ces divers groupes femés çà & là peuvent faire un effet très-pittorefque &

varier à l'œil le payſage. Ils peuvent figurer très-bien dans les jardins ſoi-diſant anglois, où l'on cherche à les établir ſouvent en dépit de la Nature ; mais dans les objets d'utilité & de produit il ne faut rien ſouffrir qui y préjudicie.

Outre les prairies naturelles ſituées au bord des ruiſſeaux & des rivieres dont nous venons de parler, il en eſt une autre eſpece qui ne mérite pas moins d'être améliorée & multipliée. C'eſt celle qui conſtitue ce que l'on appelle en Sologne les prés hauts. Leur dénomination annonce aſſez leur poſition. Ils ne doivent leur exiſtence qu'à l'induſtrie humaine. Le foin qu'on en recueille eſt d'une qualité ſupérieure à celui qui vient dans les prés de rivieres, & ſe vend toujours plus cher. Lorſqu'on eſt aſſez heureux pour avoir des terreins ſuſceptibles d'être ainſi convertis en prairies, on ne ſauroit trop s'occuper de les employer de cette maniere. Ceux qui ſont compoſés d'un ſable très-fin que le vent emporte & dans leſquels il n'y a ni ſubſtance ni humeur, ou d'un gravier mêlé de cailloux plus brûlant encore, ou d'une argile auſſi aride en été qu'humide pendant l'hiver, n'y ſont aucunement propres. Il faut en pareil cas une terre douce & légere, fraîche ſans être mouillée, qui ait ſuffiſamment de fonds, & où le lit de glaiſe intérieure ſoit aſſez éloigné de la ſurface pour ne pas engendrer du jonc & d'autres mauvaiſes plantes. Si l'on poſſede dans quelque vallon une terre labourable de cette nature, ou même un terrein non cultivé couvert d'une pelouſe fine & que la bruyere ait reſpecté, on peut hardiment les conſacrer à cette destination, & y semer en toute assurance de la graine de foin, après toute-fois qu'on aura mis quelque années en culture de grains le sol inculte jusqu'alors. On se gardera bien d'épargner la graine. Il en faut au moins cinquante mines, mesure d'Orléans, par arpent: le défaut de succès vient souvent de la fausse & perfide économie en ce genre. On fera mieux de la semer seule sans y joindre de l'avoine qui souvent étouffe la graine ou l'empêche de lever, sur-tout dans les années sèches. L'entier succès après cela ne dépend plus que de l'abondance des fumiers & des arrosemens si l'on peut s'en procurer. Car l'humidité n'est jamais à redouter pour ces prairies; elles n'ont que la sécheresse à craindre.

Nous le répétons donc encore; c'est à rassembler toutes les eaux égarées des diverses sources & à en former de petits ruisseaux toujours bien nettoyés pour que rien ne se perde en route, qu'il faut singuliérement s'appliquer pour les diriger dans ces nouveaux prés. Si leur volume n'est pas suffisant pour produire une irrigation sensible, ou s'il n'y a pas assez d'élévation ou de chûte pour que l'on puisse les conduire dans toute l'étendue de la prairie; il sera bien utile alors de les réunir & de les faire monter à la faveur d'une chaussée, en formant un réservoir supérieur, plus ou moins vaste, selon la position des lieux & l'importance de l'objet. L'eau s'échappant après par une bonde qu'on leveroit à volonté, on pourroit disposer à la fois d'une assez grande masse pour arroser parfaitement, tantôt une partie tantôt une autre ; & ſi l'on avoit beſoin pour remplir cet effet d'une élévation ſupérieure à celle de l'auge, par laquelle l'eau s'épancheroit au ſortir de la bonde, on pratiqueroit à l'extrémité de cette auge, au derriere de la chauſſée qui ſoutient les eaux du réſervoir, une eſpece de coffre en bois bien ſcellé, dans lequel, s'il étoit néceſſaire, l'eau ſe mettroit au même niveau que dans le baſſin, & d'où, par le moyen d'auges élevées qu'on adapteroit ſur ſes bords à droite & à gauche, & qui aboutiroient à des rigoles ménagées dans les endroits les plus élevés du pré, elle ſe répandroit en deſcendant dans les parties plus baſſes. Les étangs exiſtans aujourd'hui pourroient être d'une grande reſſource dans cette circonſtance, & on pourroit en tirer un parti très-fructueux indépendamment de celui auquel ils ſont principalement deſtinés ſi l'on entre-mêloit les prairies avec eux. Il y a ſouvent dans des vallons cinq ou ſix étangs ou même plus à la ſuite les uns des autres. On pourroit alternativement en ſupprimer un & en conſacrer le terrein en prairies pour peu qu'il y fût propre. L'étang ſupérieur fourniroit ſuivant le beſoin l'eau néceſſaire aux arroſemens du ſecond étang ſupprimé & converti en prairie, & ce qui n'y ſerviroit pas ne ſeroit pas perdu, puiſqu'il retomberoit dans le troiſieme étang dont une partie de l'eau entretiendroit la fraîcheur de la prairie du quatrieme, & ainſi de ſuite. Il pourroit peut-être réſulter de cette déperdition d'eau, quelque diminution ſur le produit des étangs : dans ce cas, il ſeroit à propos d'en charger un peu moins l'empoiſſonnement. Si cependant l'on recueilloit ſoigneuſement toute l'eau des fontaines & des terres circonvoiſines pour les faire retomber dans les étangs les plus voiſins, peut-être en obtiendroit-on aſſez pour réparer leurs pertes. Quoiqu'il en ſoit on ne peut nier qu'un pareil mélange d'étangs & de prairies ne fût auſſi agréable à la vue que productif & favorable à la multiplication des beſtiaux dont nous allons à préſent nous occuper.

ARTICLE II.

Des Beſtiaux.

Parmi les beſtiaux, les bêtes à laines ſur-tout forment aujourd'hui le principal produit de la Sologne : mais ce produit eſt bien précaire & ſujet à mille accidens. Souvent & trop ſouvent des maladies épidémiques emportent preſque la totalité des troupeaux ; il en eſt une ſur-tout qui dans pluſieurs cantons exerce en été les plus prompts & les plus grands ravages. On l'appelle la *Maladie Rouge*. Il n'entre dans notre plan ni dans l'objet de ce mémoire d'indiquer aucuns moyens curatifs. Tous ceux que nous pourrions compiler dans les *Maiſons Ruſtiques*, dans les *Dictionnaires d'Agriculture*, & autres Ouvrages relatifs à l'Economie Rurale feroient ou faux ou inſuffiſants ; & n'ajoûteroient ni à nos connoiſſances, ni à l'avantage du Pays dont il s'agit. Si l'on avoit pu eſpérer quelque choſe de certain, de positif & d'utile à cet egard, c'eût été de la suite des expériences commencées il y a quelques années par un Savant (1), envoyé sur les lieux par un Ministre, ami de la chose publique. Mais son retour vainement attendu, malgré son dévouement & son zele, ne nous laisse plus d'autres vœux à former, que de voir réaliser un jour ces projets si bien combinés, qu'il avoit annoncés, & ces essais en grand dont il pouvoit résulter tant de lumieres importantes sur un objet qui le mérite autant. Sans doute les causes & la nature des maladies & sur-tout celles de la Maladie Rouge, sur laquelle on n'est pas encore généralement d'accord, eussent été mieux développées & mieux connues ; & dès-lors, il eût été plus facile d'y appliquer des remedes propres. Sans doute il en seroit résulté une méthode plus sûre pour la conduite des troupeaux, une connoissance approfondie des herbages & des lieux qui leur sont contraires, suivant les saisons, & une instruction générale sur les heures de leur sortie & de leur rentrée dans l'étable d'après les temps, l'état sec ou pluvieux de l'atmosphere, & la nature basse ou élevée des paturages habituels.

En attendant toutes ces décisions qui ne peuvent être le fruit que des épreuves de plusieurs années & de mille recherches assidues & constantes, secondées par la réunion des connoissances

---

(1) M. l'Abbé Teissier.

physiques & médécinales, ne pourroit-on pas au moins, par quelques moyens généraux & d'une exécution facile & peu coûteuse, prévenir ou diminuer le nombre des épidémies, en obviant à quelques abus sensibles & à quelques dangers évidens ?

L'air est sans contredit un des principes constitutifs qui influe le plus sur la conservation ou la destruction des corps animés; de sa pureté ou de sa corruption dépend en général, l'état de santé ou de maladie, tant dans les animaux que dans les hommes. Si les troupeaux respirent constamment un air vicié; si la nourriture, bien loin de réparer ce désordre, ne fait que l'aggraver encore par ses mauvaises qualités & son insalubrité, il n'en peut résulter qu'un affoiblissement graduel dans l'organisation; une altération sensible de toutes les humeurs, & enfin un foyer de corruption & de pestilence que le moindre accident, trop de sécheresse, ou de chaleur ou d'humidité peut faire éclater tout-à-coup avec fureur, & qui ne s'éteint souvent que par la perte de tous les individus. Voyons donc si les bêtes à laines, soit dans les bergeries soit dans les champs ne se trouvent pas toujours plongées dans un air altéré & souvent corrompu.

Les bergeries d'abord sont presque par-tout très-étroites, très-basses, presque sans fenêtres de sorte qu'il n'y a jamais de renouvellement ni de circulation d'air. Ce n'est pas tout : à peu d'élévation au-dessus des animaux on établit généralement des échafauds sur lesquels on dépose les fourrages & feuillards qui doivent leur ſervir pendant l'hiver de nourriture. Qu'on juge de l'exceſſive chaleur que les bêtes doivent éprouver dans un lieu auſſi étouffant, ſur-tout lorſque renfermées après des pluies, l'humidité de leur laine entrant en expanſion, chaſſe & raréfie l'air intérieur. Qu'on juge de de l'extrême dilatation des vaiſſeaux pulmonaires lorſque l'équilibre néceſſaire au maintien & à l'harmonie de la machine, étant ainſi rompu, l'organe du poulmon eſt plutôt brûlé que rafraîchi (1) par l'élément qu'elles reſpirent. Qu'on juge du contraſte de reſſerrement & déchirement ſubit de ces mêmes vaiſſeaux, lorſque dans les grands froids, au ſortir de pareilles étuves, elles paſſent tout-à-coup à trente ou quarante degrés de différence ſur la température. Ajoutez à tout cela la mal-propreté, le défaut de litiere, la vapeur infecte & pénétrante exhalée des excrémens & de l'urine, conſervés dans des fumiers ſéjournans ſix mois de ſuite dans les étables, qui enflamme encore le ſang & le diſpoſe d'autant plus à l'alkaleſcence, que ces animaux preſſés l'un contre l'autre, & toujours la tête baſſe ſemblent n'avoir pas d'autre atmoſphere.

---

(1) Nous parlons en ce moment d'après l'opinion généralement reçue, que le ſang eſt rafraichi par l'air dans le poulmon. Si l'on en croit cependant les aſſertions & les expériences du Docteur Crawford, l'air pur ſe combinant dans l'acte de la reſpiration & ſe changeant en air fixe & en air phlogiſtiqué, abandonne & communique au ſang une partie de ſa chaleur qu'on ſait être infiniment ſupérieure à celle de l'air atmoſphérique.

Des Physiciens ont pretendu que même en plein champ, par un temps très-calme, mille hommes renfermés dans un arpent, finiroient au bout de vingt-quatre heures par rendre l'air ambiant, mephitique & nullement respirable. Quel doit être celui d'un espace de deux ou trois perches quarrées, ainsi clos & couvert, ou deux ou trois cents animaux sont entassés souvent pendant plus de douze heures de suite? Comment peuvent-ils même y vivre? C'est ce qui étonne; & l'on doit être après cela moins surpris de leurs maladies que de leur existence. On met en fait que le troupeau le plus sain, accoutumé à la propreté & au grand air dans des bergeries spatieuses, seroit en moins de trois mois totalement dévasté si on l'emprisonnoit dans de pareils cachots. Si les troupeaux de Sologne y résistent, c'est par la force de l'habitude; ils y sont nés; ils y languissent plus ou moins long-temps. Il en est d'eux comme de ces hommes qui passent une partie de leur vie dans des mines, tandis que souvent les nouveaux venus, les plus robustes, sont très-promptement les victimes d'un tel séjour.

A tout cela quel remede! conseillerons-nous à tous les Propriétaires d'abattre leurs bergeries pour en construire de plus vastes? On sent qu'un pareil moyen n'est ni proposable ni acceptable. Nous les inviterons seulement à avoir cette attention lorsqu'ils seront forcés à des reconstructions indispensables, ce qui n'augmentera pas alors leur dépense en raison de l'avantage qu'ils en retireront. En attendant, nous leur dirons:

pratiquez au moins plusieurs fenêtres dans les pans de vos bergeries si étroites & si closes. Etablissez-y des claires-voies correspondantes, en face les unes des autres, garnies de grillons comme les grilles des étangs, & laissez en tout temps l'air passer & circuler. Ne craignez point même dans les temps les plus rigoureux, le froid pour vos bêtes; elles n'ont que la chaleur à redouter. Voulez-vous faire mieux encore? si vos étables sont isolées, ménagez des ouvertures à hauteur dans les demi pignons, afin que la vapeur qui s'éleve puisse s'échapper par ces issues que vous ne fermerez que dans les temps d'orages & de grands vents, qui pourroient peut-être alors endommager vos couvertures. Supprimez sur-tout ces échafauds si perfides, ou vos fourages & vos feuillards suspendus, se pénétrant pendant des mois entiers de tous les miasmes putrides & dangereux dont abonde la bergerie, n'offrent à vos animaux qu'une nourriture viciée à laquelle des Naturalistes attribuent même une partie des épidémies qui les ravagent. Enfin veillez davantage à leur propreté, renouvellez plus souvent les litieres, & ne laissez pas surtout en été, séjourner les fumiers aussi longtems; nettoyez les étables au moins tous les quinze jours, plus fréquemment encore s'il se peut.

Mais me répondra-t-on peut-être d'abord? on n'a pas assez de litieres pour en changer tant de fois. D'où provient ce défaut? de la négligence des Fermiers à les ramasser, ou plutôt de la perte pour ainsi dire volontaire qu'ils en font.

On ne chaume en général que dans l'hiver, c'est-à-dire quelquefois plus de ſix mois après la récolte. Or, que retrouve-t-on après que les beſtiaux & les Chaſſeurs ont caſſé, broyé pendant un tems ſi long, preſque tous les tuyaux de la paille? à peine le tiers ou le quart de ce qu'on auroit eu, ſi l'on eût chaumé immédiatement au ſortir de la moiſſon : & que raſſemble-t-on encore? une ſubſtance inerte & morte, lavée par les pluies, deſſechée par le hâle, dépouillée enfin de tous les ſucs qui auroient dû augmenter & nourrir la maſſe & la qualité des engrais. Quel dommage ſous ce ſeul point de vue pour la culture! Mais, au défaut des chaumes, combien les roſeaux des étangs, les fougeres des bois, n'offrent-ils pas de reſſources pour qui voudroit en profiter, & ſeroit auſſi jaloux de la conſervation de ſes troupeaux que de la multiplication de ſes engrais!

On m'oppoſera ſans doute encore que quand bien même on auroit des litieres ſuffiſantes pour les fréquens changemens propoſés, il ſeroit peu à propos de les exécuter, parce que la paille ne pouvant pas ſe conſommer en peu de tems, ces fumiers n'auroient pas acquis le degré de macération néceſſaire pour produire dans les terres légeres de la Sologne l'effet avantageux auxquels ils ne ſont propres que dans cet état. Cette objection n'eſt pas ſans fondement. Voyons donc s'il ne ſeroit pas poſſible d'accélerer la fermentation & par conſéquent de conſommer beaucoup plus de litiere, d'en changer plus fréquemment, & d'augmenter ainſi le bien-être des troupeaux & la masse des engrais, principe si puissant de fécondité. L'expérience à cet égard viendra à l'appui du raisonnement ou plutôt en tiendra lieu. Nous ne ferons donc parler que les faits. Or, voici ce que l'on a vu pratiquer avec le plus grand succès par un Fermier intelligent. Dès le commencement du printems, ou plutôt lorsque les chaleurs commencent à s'établir, il ne manque pas deux fois la semaine de faire arroser l'intérieur de sa bergerie après l'avoir bien remplie de litiere. Il y répand chaque fois huit ou dix poinçons d'eau, de maniere que tout soit bien imbibé, sans cependant que les bêtes en marchant puissent faire regonfler l'eau par-dessus un lit de chaume sec, que l'on étend après l'opération sur toute la superficie : dès lors elles sont fraîchement. Leur urine glisse & s'insinue dans la litiere humide sans produire aucune mauvaise exhalaison. En moins de quinze jours toute la litiere est parfaitement consommée & beaucoup mieux qu'elle ne l'étoit auparavant en trois mois. On nettoie alors la bergerie jusqu'au fonds & l'on recommence la même opération. C'est ainsi qu'il est parvenu à doubler & tripler la quantité de ses fumiers & qu'il l'augmenteroit même encore, s'il ne se trouvoit arrêté par le défaut de matieres premieres. Cet exemple est facile à imiter. La Sologne présente des eaux de fontaines que l'on peut en bien des endroits diriger dans les bergeries ; à leur défaut, on peut creuser un puits à proximité. L'eau rarement est profonde. Si elle l'étoit assez pour rendre le travail long & pénible, on établiroit dans ce puits une pompe dont un tuyau, passeroit dans la bergerie & verseroit l'eau dans un poinçon à demi enterré ; ce qui procureroit toute l'aisance desirable pour la prendre dans des sceaux & la jetter tout à l'entour. C'est ainsi que la chose est disposée dans la Ferme dont je viens de parler. Un homme par ce moyen peut pratiquer l'arrosement en deux ou trois heures de tems.

Nous venons de voir l'état fâcheux des bêtes à laines dans les bergeries ; suivons-les dans les champs, & leur sort ne nous paroîtra que plus triste encore ; la mauvaise qualité de la nourriture se joignant le plus souvent à la corruption de l'air qu'elles continuent de respirer. On les mene paître ordinairement dans des landes couvertes de hautes bruyeres, autrement dites *bremailles*. Ces bremailles très-serrées & très-touffues s'élevent quelquefois de 3, 4, & 5 pieds au dessus du sol, de sorte que les troupeaux y sont entiérement cachés & comme ensevelis. Là, les eaux pluviales toujours arrêtées au pied des tiges de ces bremailles, y sont dans un état habituel de corruption, & ne s'y dessèchent qu'à peine. Là, l'air non moins stagnant n'est jamais renouvellé ni battu par les vents & ne manque pas de se dénaturer & de s'imprégner de toutes les mauvaises exhalaisons du terrein. Là, l'humidité & la chaleur font éclore une multitude d'insectes tourmentans & nuisibles, que les troupeaux avalent nécessairement & qui sont peut-être souvent les causes occasionnelles de ces épizooties si fréquentes & si funestes. Quelle nourriture ces malheureux animaux peuvent-ils trouver au pied de ces bremailles ? une herbe rare que le ſoleil n'a jamais éclairée ni nourrie de ſes rayons bienfaiſans. Nous éprouvons tous les jours qu'un fruit expoſé au nord, quoique dans un air pur, eſt dénué de toute ſaveur & de tout ſuc. Quelle ſera la qualité nutritive d'une herbe venue à l'ombre & ſur-tout dans une atmoſphere corrompue. Les expériences faites en Angleterre ont conſtaté que les plantes participoient de la nature de l air dans lequel elles étoient plongées. C'eſt donc un véritable poiſon plutôt qu'un aliment que les bêtes à laines font paſſer dans leurs veines en ſe nouriſſant ainſi.

Il eſt un moyen, de remédier à ce déſordre, bien facile & bien efficace, pratiqué quelquefois, mais trop rarement & trop peu généralement. Il conſiſte à mettre le feu dans ces bremailles à la fin de l'hiver & à répéter cette opération dès qu'on s'appercevra qu'elles commenceront à croître & à s'élever. L'air ainſi ſera purifié, les eaux des pluies ſeront deſſéchées par le ſoleil & par les vents; & ſi l'on s'apperçoit qu'elles ſéjournent en quelques endroits, il ſera plus aiſé de leur ménager de l'écoulement à la faveur de quelques rigoles ou petits foſſés, ce qui eſt un point eſſentiel même pour les paturages. Les œufs des inſectes ſeront détruits par la flamme & leur multiplication ne ſera plus auſſi favoriſée. Enfin les cendres formeront un engrais qui pocurera une réproduction d'herbe bien plus abondante & d'autant plus ſubſtantielle encore qu'elle ſera vivifiée par un air libre &

pur & la préſence active du ſoleil. Nous conſeillerons toutefois de ne laiſſer les troupeaux paître cette herbe nouvelle & plus nutritive qu'avec beaucoup de réſerve & ſeulement en courant, par la même raiſon qu'on uſe de beaucoup de ménagements pour faire paſſer à une nourriture ſucculente, une perſonne accoutumée à de mauvais alimens, ou extenuée par une longue diette. Il pourroit réſulter les plus grands inconvenients d'un contraſte ſubit.

Telles ſont les précautions à la faveur deſquelles on penſe que l'on pourroit entretenir la meilleure ſanté des bêtes à laines & les préſerver d'une partie de leurs maladies. Tout cela eſt applicable & ne ſeroit pas moins avantageux aux autres beſtiaux, dont nous ne nous occuperons pas paticuliérement, tant pour ne pas paſſer les bornes de ce Mémoire, que parce qu'ils ne forment pas, malgré leur utilité & leur néceſſité une branche auſſi eſſentielle du produit de la Sologne. En général la circulatïon de l'air dans les étables, le renouvellement de litieres, le ſoin & la propreté contribuent ſenſiblement à la conſervation des animaux, & même à leur embonpoint. Cheval bien étrillé eſt à demi nourri, comme le dit un ancien proverbe très-vrai.

Nous ne croyons pas toutefois devoir finir cet article ſans faire relativement aux chevaux de la Sologne une obſervation qui prouve que, ſouvent avec les motifs les plus purs & les intentions les plus ſinceres de procurer l'avantage d'un [illegible] on peut manquer ſon objet quand on s'é[illegible]s le choix des moyens. Il y a quelques

années

années que le Gouvernement désirant relever & perfectionner l'espece des chevaux, naturellement fort saine & douée de très belles jambes en Sologne, mais defectueuse du côté de la tête & de la croupe, imagina d'envoyer dans la plupart des Paroisses des étalons de choix pour le service de toutes les jumens désignées de l'arrondissement. Rien de mieux en apparence : mais voici l'abus. On remit ou plutôt on vendit les étalons à des particuliers de bonne volonté, auxquels on attribua le privilége d'être taxés aux Tailles d'office, c'est-à-dire d'être très-soulagés. En conséquence ceux qui avoient les plus fortes exploitations, & qui supportoient le plus d'impositions, se sont empressés de se rendre Garde-Etalons. Dès-lors, la diminution qu'ils ont obtenue sur leurs taux de Taille, a été reversée sur les autres Contribuables des Paroisses. Premier inconvénient. On leur attribua en outre un assez fort droit par chaque acte de service de l'etalon envers les jumens. Seconde charge pour les Fermiers que l'on astreignoit forcément à cette contribution, en leur interdisant de faire saillir leurs jumens par leurs propres chevaux, sous peine d'amende. On fit plus dans certain cantons. Pour mieux tenir la main à ce Réglement, on les contraignit à se défaire de tous leurs chevaux entiers. Troisieme désordre bien préjudiciable pour les charrois, pour le labourage, enfin pour tous les travaux de la culture, qui ne purent alors dans ces endroits s'exécuter qu'avec des jumens, & partant plus lentement & plus imparfaitement.

Quel a été le résultat enfin de cet établissement?

une diminution incroyable de l'espece. Dans telle Paroisse où il naissoit annuellement 60 poulins, il n'en est pas venu 10 avec l'étalon, & cela devoit être ainsi. Il étoit en général trop surchargé. D'ailleurs les jumens étant obligées de de venir le chercher de fort loin, le moment favorable pour la génération étoit souvent perdu lorsqu'elles arrivoient. Enfin, plusieurs autres causes conspiroient à ce qu'elles ne fussent pas fécondées, & sur-tout l'intérêt des Gardes-Etalons qui trouvoient leur compte dans le retour multiplié des mêmes cavales. Un fait semblable prouve assez que le dommage public peut naître quelquefois des projets conçus dans les vues les plus bienfaisantes. Le peu de succès de celui dont nous parlons, constaté par l'expérience, a forcé d'y renoncer ou plutôt a fait qu'il est tombé de lui-même. Nous avons jugé cependant à propos d'en rappeller la mémoire, pour qu'on ne soit pas tenté de revenir à ce moyen, du moins avec un pareil régime, ni de le regarder d'avantage comme une maniere d'augmenter le produit de la Sologne. Il est rare d'éprouver d'heureux effets de ce qui est vexatoire & attentatoire à la liberté. Qu'on établisse des étalons, à la bonne heure. Mais qu'on n'oblige pas de s'en servir ! Qu'on ne fasse pas payer cher leurs services stériles ! Qu'on ne proscrive pas les autres chevaux si nécessaires pour tous les travaux ruraux! que le bénéfice évident de ceux qui auront conduit librement leurs jumens à ces étalons, soit la seule loi qui contraigne les autres à en faire autant ! L'exemple & l'intérêt ; voilà les plus impérieux & les plus persuasifs des Legislateurs. C'est dans la culture sur-tout que leur pouvoir est souverain.

ARTICLE III.

Des Terres Labourables.

La culture est peut-être ce qu'il y a de plus défectueux & de plus languissant dans la Sologne. La maniere même dont on cultive offre un spectacle affligeant. Dix bœufs inégaux d'âge, de taille & de marche, attelés par les cornes & dans la position la plus gênante, tracent à pas si tardifs, qu'on ne sait souvent s'ils avancent ou s'ils sont immobiles, avec une charrue à deux oreilles, des sillons peu larges & encore moins profonds, dans une terre en général sabloneuse & légere, qu'avec les deux mains réunies on sembleroit pouvoir ouvrir & diviser. Des fumiers rares & clair-semés n'offrent qu'une bien foible dose de chaleur & de nourriture au grain qu'on ose confier à des terreins naturellement maigres & froids. Peut-on après cela s'attendre à des moissons abondantes? On n'obtient une forte réproduction, qu'avec de fortes avances; & ces avances nécessaires n'existent pas: l'impôt & les divers accidens auxquels les Cultivateurs ne sont que trop exposés, les ont depuis long-tems anéanties. Ce n'est qu'à force d'engrais que l'on réussit même dans les terreins les plus fertiles. Il faut donc tourner d'abord ses vues de ce côté. Nous avons indiqué dans les articles précédens des moyens de les multiplier ; nous insisterons encore sur l'importance de ramasser les chaumes très-promptement après la moisson. Tout dépend de ce premier soin. Nous ajouterons à présent : pour recueillir plus, il faut cultiver moins. Oui ; quoique cette proposition ait l'air d'un paradoxe, elle devient en Sologne d'une vérité absolue , du moins dans le moment présent. Ainsi , dans une Ferme où l'on ensemence habituellement quarante arpents par saison , & où il y a cent vingt arpens de terres labourables parconséquent ; l'on n'a qu'à ne cultiver tous les ans que trente arpens & former quatre saisons , & je garantis , toutes choses égales d'ailleurs , une plus heureuse réproduction. D'abord les terres ayant deux ans de repos seront moins épuisées ; le Fermier en ayant moins à préparer sera dans le cas de les cultiver mieux , de donner des labours plus profonds , & même plus fréquens , ou du moins de choisir pour les façons les momens les plus favorables. Les fumiers qui se répartissoient dans quarante arpens ne l'étant plus que dans trente , se trouveront peut-être alors assez abondans pour produire un effet plus heureux & plus sensible. Tout concourt donc à faire espérer , dans ce cas , une plus riche récolte quoique dans un moindre espace. L'expérience au surplus est parfaitement d'accord sur ce point avec le raisonnement. Ajoutons encore que les chevaux & les bœufs seront bien moins fatigués & excédés de travail ; que les troupeaux de bêtes à laines auront de plus une saison entiere de trente arpens , dans laquelle ils pourront constamment paturer, & que c'eſt-là qu'ils trouveront l'herbe la plus propre & la nourriture la plus ſubſtantielle, ce qui forme un article bien digne de conſidération ; que les Fermiers, ayant plus de tems diſponible, pourront l'employer à mieux ſoigner leurs beſtiaux, à raſſembler plus de litieres, à bien nettoyer tous les foſſés autour des pieces enſemencées, & à en pratiquer de nouveaux ; car rien n'eſt plus néceſſaire que de ménager un prompt écoulement aux eaux ; que l'on aura enfin une épargne notable ſur la quantité de la ſemence & ſur les frais de récolte ; puiſque ſi l'on paie en raiſon de l'arpent, il s'en trouvera un quart de moins. Que faut-il de plus pour déterminer à une pareille opération ? Ce n'eſt qu'à meſure que les engrais abonderont par l'heureux effet de cette méthode & de tous les autres ſoins déja recommandés, qu'il ſera à propos d'accroître ſucceſſivement la culture. Les défrichemens à faire offrent & offriront long-tems à cet égard une occupation bien vaſte & bien fructueuſe. Il ne faut pas être arrêté par la dépenſe, on en ſera bientôt rembourſé avec uſure. Si l'on eſt aſſez heureux pour poſſéder ſur quelque petit côteau, ou dans un local d'où les eaux puiſſent s'écouler aiſément, des bruyeres mêlées d'un eſpece de faux jonc marin, appellé en Sologne petit chardon ; l'on peut les défricher en toute aſſurance, & l'on ne tardera pas à jouir du fruit de ſes travaux. La terre fort diviſée par les racines multipliées de ce petit chardon, en eſt ordinairement douce & friable. Elle peut donc, même dans la premiere année du défrichement, rapporter du ſarraſin assez abondamment. Si l'on défriche au contraire de hautes bremailles, comme elles croissent & se plaisent le plus dans les terres un peu argilleuses, rendues plus compactes encore par l'accroissement des racines pivotantes de cette plante ; il faudra plusieurs années de travail & de soins, & des labours très-fréquents & très-pénibles pour rendre un pareil terrein productif : il faudra sur-tout beaucoup de fumier pour adoucir, diviser & échauffer un sol amer, compact & froid : & les premieres récoltes seront presque nulles. Les dépenses seront donc bien plus considérales que dans le premier cas, la rentrée plus tardive & le succès plus douteux. Cependant il pourroit arriver qu'un tel défrichement une fois mis en valeur se soutint plus long-tems que le premier, ce qui formeroit pour l'avantage respectif une espece de balance. Mais l'homme est naturellement impatient de jouir, & le court espace de sa vie autorise bien un pareil sentiment. Nous n'hésitons donc pas à recommander de préférer sur-tout dans le choix des terreins à défricher la premiere espece de sol que nous avons indiquée.

Nous ne proposerons pas de changer la maniere de cultiver ; de former des planches à la place des sillons ; de semer des fromens ou des méreils. Il y a quelques cantons privilégiés ou peut-être ces innovations pourroient réussir ; mais en général tout ce qu'on annonceroit d'avantageux par ces nouvelles méthodes, ne seroit qu'un pur charlatanisme. Tenons-nous-en à l'ancienne, mais pratiquons-la mieux. Conservons les sillons nécessaires pour l'écoulement des eaux; mais, autant que les terreins pourront le permettre, faisons-les plus relevés & la raie par-conséquent plus large & plus profonde. Les eaux endommageront dès-lors beaucoup moins la semence. Plus le labour sera profond, plus il y aura de terre qui contribuera à la végétation. Ainsi l'épuisement sera moindre. Entretenons sur-tout les fossés autour des terres; multiplions les traits de charrue qui traversent les sillons & reçoivent toute l'eau qui en découle. Creusons-les & nettoyons-les souvent pendant l'hiver. Ne cherchons point de nouveaux grains, bornons-nous au seigle, à moins qu'un heureux hazard ne nous procure des marnes fécondantes: mais si l'on en trouve du côté de Sully & sur la côte qui sépare la Sologne du Val-de-Loire, il paroît que l'intérieur du Pays en est dépourvu; on n'en a pas du moins encore découvert. Le seigle & le sarrasin paroissent être les seuls grains propres dont on puisse augmenter la réproduction. Il ne ne faut pas compter sur l'orge & sur l'avoine, qui d'ailleurs épuisent trop la terre & ne viennent bien que dans les jardins où il sera toujours préférable de semer des chanvres, pour peu que l'on ait des engrais suffisans. Nous conseillerons cependant l'usage du nouveau bled noir, dit de Sibérie, ou plutôt de Tartarie, si l'on en juge par la dénomination Latine. Il n'a pas tout-à-fait autant de valeur & de qualité peut-être que l'ancien sarrasin; son écorce est plus dure & plus épaisse; il est bien moins appétissant pour les chevaux & la volaille. Il rend moins en farine; mais cette farine étant purgée de son enveloppe, fait un meilleur pain pour les hommes. D'ailleurs, ce grain se recommande par l'abondance de son produit, & c'est une puissante raison pour l'adopter, au moins jusqu'à ce que la terre, neuve pour lui en ce moment, ait été épuisée par plusieurs récoltes des sucs nutritifs qui lui conviennent. Dans ce cas il est probable que l'ancien méritera & conservera la préférence.

Voilà ce que l'on croit pouvoir proposer de plus expédient pour les terres labourables de la Sologne, dans l'instant présent. Il ne faut pas s'attendre toutefois à y voir germer de riches moissons, tant qu'elles ne seront cultivées que par des métayers pauvres & dénués de tout; tant que subsistera l'usage des baux à moitié, trop défavorable au laboureur, à moins que le Propriétaire ne soit assez éclairé & assez riche pour faire lui-même avec profusion toutes les avances de restauration, ce que le défaut de facultés & le court espace des baux de neuf ans ne permettroient presque jamais à un Fermier d'entreprendre. Mais de tels Propriétaires sont rares & il est bien plus commun de voir des hommes exécuter mal ou du moins avec négligence un travail dont ils ne recueillent que la moitié du fruit; l'interêt est le plus puissant aiguillon de l'industrie & de l'activité. Nous formerons donc des vœux pour l'établissement successif des baux à argent, à mesure qu'il rentrera assez de richesses entre les mains des Cultivateurs pour leur permettre d'être Fermiers. Il ne nous reste plus qu'à présenter quelques réflexions sur la maniere dont s'exécutent les labours. Nous avons déja montré au commencement de cet article cette file de dix bœufs péniblement enchaînés qui retracent à chaque pas, ce vers pittoresque de la Fontaine :

L'attelage suoit, souffloit, étoit rendu.

On ne peut s'empêcher de se récrier contre l'usage absurde d'employer tant d'animaux à la fois pour un travail, qu'avec deux, quatre, ou six au plus, on feroit aussi bien, plus facilement & peut-être avec moins de peine pour eux. Que résulte-t-il en effet de cette multitude d'agens si inégaux en âge, en taille & en force? Un embarras incroyable pour ceux qui les menent; la nécessité de deux hommes au moins pour les diriger ; une perte de tems très considérable chaque fois qu'il faut retourner la charrue; enfin une fatigue égale & commune pour tout l'attelage. Les uns tirent d'un côté; les autres d'un autre : ceux-là marchent; ceux-ci s'arrêtent ; tous s'excédent en même tems. Ne vaudroit-il pas bien mieux faire de cet attelage de dix bœufs deux charrues, une de six, l'autre de quatre ? l'une travailleroit le matin & l'autre le soir. Et dans des cas pressés toutes les deux pourroient marcher à la fois. On feroit habituellement plus de besogne & les animaux n'ayant tour à tour qu'une demie journée de travail, seroient bien moins harassés. Il leur resteroit l'autre moitié du jour pour paturer & se reposer. Au lieu de cela, on ne les attele tous qu'une fois le jour. Mais comme l'ouvrage commande, on les tient sous le joug pendant un trop long intervalle de tems & ils n'en sortent qu'épuisés de lassitude, de faim & de soif, sur-tout dans les grandes chaleurs de l'été. On les mene de-là au paturage où ils ont à peine la force de manger & où leur premier besoin est de se coucher. Est-il surprenant après cela qu'ils soient énervés? On croit suppléer par le nombre à leur défaut de vigueur; & l'on ne voit pas que ce manque de force provient de cette pernicieuse méthode de les accabler tous à la fois & sur-tout de l'indigne maniere dont on les assujettit au joug. Ce n'est que par une suite de l'ancienne ignorance dont il est tems que les Physiciens fassent sentir les abus, que des animaux si utiles ont pu continuer dans le nord de l'Europe, à être traités avec une pareille barbarie. Le joug par le moyen duquel ils tirent, porte sur le sommet du front & y est attaché à la naissance des cornes. Il faut donc que l'animal pour remplir le service qu'on exige de lui, incline ses cornes en avant & baisse la tête, jusqu'à ce que le joug, où doit s'appliquer la puissance motrice, soit dans la ligne de direction de la colonne vertébrale principe de toute la force. Le mufle étant contraint ainsi de se raprocher du fanon, contrarie évidemment l'action de la marche & empêche le pas de s'allonger autant qu'il le devroit. Dans cette position affligeante, captif, abattu, le bœuf les yeux tournés vers la terre peu éloignée, reçoit toute la reverbération d'un soleil enflammé sur un sable brûlant. Il ne respire qu'un air de feu. Les taons & toutes les mouches tourmentantes assaillent ses yeux & ses narines sans qu'il puisse faire un seul mouvement pour les écarter. Obligé de rassembler sans relâche toutes ses forces dans sa tête panchée, le sang s'y porte nécessairement avec plus d'abondance; s'y engorge, gonfle & distend les vaisseaux. Aussi n'est-il pas-très rare d'en voir périr subitement de coups de sang après avoir travaillé. Il faut n'avoir jamais réfléchi sur la conformation du bœuf, ni jetté les yeux sur son squelette, pour avoir adopté cet usage barbare. La nature en fortifiant & relevant extrêmement les apophyses des premieres vertèbres dorsales, dit assez que c'est-là qu'elle a établi la plus grande force de l'animal, & qu'il n'est pas de siége plus propre à assurer & arrêter le joug. Dès-lors nulle gêne, nulle contraction, nulle perte d'action & de mouvement, comme dans le premier cas, où la résistance n'est vaincue que par le moyen d'une espece de levier, qui, étant plus long & plus éloigné de la puissance résidente dans la colonne dorsale & dans les épaules, peut s'arquer plus aisément, ou du moins exige plus de peine & plus d'effort pour empêcher une courbure inévitable dans les vertèbres du col, si l'animal releve un peu la tête.

Le joug étant ainsi posé sur les dernieres vertèbres du col, en avant de ces hautes apophyses & presque à l'aplomb des jambes, un collier de fer ou de fort ozier entrelacé, qui embrasse le col de l'animal & s'unit des deux côtés au joug suffit pour le retenir à sa place. Des courroies très-lâches passées dans les cornes des deux animaux accouplés & arrêtées dans le timon de la charrue qui porte sur le joug, les empêchent de s'écarter ſans leur ôter la liberté ; & par le moyen d'un anneau qui traverſe dans le bas la cloiſon cartilagineuſe établie entre les deux narines & qu'on ôte à volonté, on les dirige auſſi facilement que l'on guide un cheval avec le mords.

Telle eſt la maniere dont dans les pays méridionaux de l'Europe, on tire parti des bœufs. Par ce moyen ces animaux ſi précieux pour l'homme n'ont plus l'air de malheureux eſclaves gémiſſans & accablés. Rien ne contrarie plus leurs mouvemens ; ils peuvent rélever la tête, l'agiter & reſpirer à l'aiſe. Leur pas peut acquérir toute ſa dimenſion, & parvient à égaler presque celui du cheval. Qu'ils viennent à s'écorner, (accident très fréquent, qui dans nos pays & ſuivant notre méthode dérangent ſouvent les labours & rend inutiles les meilleurs animaux) ils n'en font pas moins de ſervice & l'on n'eſt pas forcé de les tuer. Cette conſidération eſt d'une grande importance, & devroit ſuffire ſeule pour faire adopter le changement que nous propoſons à cet égard & qui, démontré néceſſaire par toutes les raiſons phyſiques déduites ci-deſſus, nous ſemble un des moyens les plus efficaces & les plus ſûrs de procurer l'avantage de la Sologne, tant en facilitant & ſimplifiant les travaux de la culture, qu'en ménageant & conſervant ces bons & dociles animaux qui les exécutent.

ARTICLE IV.

Des Etangs.

Il s'eſt élevé une queſtion ſur les étangs. On a agité ſi pour la ſalubrité de l'air il ne ſeroit pas à propos de les anéantir : l'Abbé Rozier dans ſon nouveau Dictionnaire d'Agriculture, prononce contre eux un Arrêt de deſtruction & les proſcrit entiérement. On peut, je crois, rappeller d'une pareille Sentence ; ou du moins en venir à des termes de modification. Sans doute s'il exiſte dans les environs des villages & des Bourgs ſur-tout à l'expoſition du ſud, des étangs fort marécageux nullement renouvellés d'eau, ſujets à ſe deſſecher en grande partie pendant l'été & dont les vents du midi apportent & répandent les exhalaiſons au détriment de la bonne ſanté & de la vie des Habitans de ces endroits, il n'eſt pas douteux que l'interêt ſi puiſſant de la conſervation des hommes ne réclame pour leur ſuppreſſion. Dans ce cas, on ne peut trop exhorter les Propriétaires à faire un pareil ſacrifice à l'humanité, & à les convertir ſoit en prairies, ſoit en terres labourables. Mais lorſque les étangs ſont éloignés des habitations, lorſqu'ils ne ſont pas renfermés dans des bois & que les vents de tous les côtés peuvent agiter & battre la ſurface de l'eau, lorſqu'ils ne tariſſent pas, & que le même niveau ſe ſoutient à-peu-près, on ne voit pas qu'il en puiſſe réſulter aucun inconvénient notable & qu'il faille ſe priver d'une propriété fructueuse, qui procure d'ailleurs à tous les Citoyens un objet de consommation aussi utile qu'agréable. Si la Sologne passe pour être plus mal-saine que les autres parties de l'Orléanois, on ne voit pas, même en admettant cette supposition, qu'il faille en accuser les étangs plutôt que les landes, les paturages & les prairies où l'eau séjourne & croupit, & qui doivent, en se dessêchant à la fin de l'été, répandre des vapeurs mal-faisantes. Si les Habitans de ce Pays sont plus sujets aux fiévres d'automne, il paroît qu'on doit l'attribuer sur-tout à la mauvaise qualité de leur nourriture, à la privation presque totale de viande fraîche & de vin, au mauvais choix des eaux dont ils font usage par-tout où ils se trouvent & comme ils les trouvent, à leur obstination à n'y point mêler un peu de vinaigre en été, à l'habitude pernicieuse de dormir dans les paturages ou dans les bois le nez contre terre, souvent après avoir eu chaud, enfin à l'excès de travail dont ils sont accablés tout-à-coup sans interruption, depuis le commencement de Juillet jusqu'à la fin de Septembre, par la façon des sarrasins, la récolte des seigles, la fauchaison & fanaison des foins, la conduite des fumiers, la façon des terres & l'ensemencement des seigles. Il n'y a point dans tout cela de reproche à faire aux étangs. Nous n'engagerons donc point à supprimer des propriétés susceptibles d'être affermées depuis quatre jusqu'à dix livres l'arpent, dans un pays où le général du territoire ne l'est gueres qu'en raison de vingt sols. Quand nous le ferions, nous ferions sûrs de n'être pas écoutés on du moins de ne pas réussir, sans être trop fondés à nous en plaindre. Nous avons proposé cependant à l'article des prairies de convertir en cette nature de bien non moins productive, une partie des étangs parmi ceux qui se trouvent à la suite les uns des autres dans les mêmes vallons; ce qui en diminueroit le nombre sans diminuer le revenu. Si de cette opération il devoit résulter une plus grande pureté pour l'air, ce ne seroit qu'un nouveau motif de plus pour y déterminer.

Mais nous croyons pouvoir rassurer sur les allarmes & l'inquiétude que l'on a cherché à inspirer contre les étangs, en employant certaines précautions & certains soins que nous allons indiquer à leur égard & qui augmenteront même assez leur produit, pour décider les Propriétaires à les admettre. Il est certain que l'eau ne peut se corrompre & répandre des exhalaisons nuisibles qu'autant qu'elle est stagnante & immobile. Si les vents peuvent l'agiter en tout sens & former des vagues, comment pourroit elle s'altérer, sur-tout sur un fond en général sabloneux? L'inconvénient qu'on redoute peut avoir lieu dans des étangs que des Propriétaires négligens ont laissé tellement couvrir de joncs & de roseaux qu'on y apperçoit à peine l'eau. Ces plantes s'étant emparées de tout le fonds, ne laissent presque plus de place au poisson pour vivre & paturer, & le produit par conséquent est infiniment diminué. Il est donc bien inportant, à ne consulter que le seul interêt personnel, de remédier à ce désordre. J'avoue que lorsque les choses en font à ce point de dégradation, ce n'eft pas une modique dépenfe : car il ne s'agit pas moins que de faire un défrichement total du terrein, défrichement plus coûteux que celui d'une bruyere. Il faut piocher à tranchée ouverte tout le fol afin de bien déraciner tous les rofeaux, puis mettre le tout en monceaux, le faire brûler & répandre les cendres à l'entour. Cette opération doit être fuivie de plufieurs labours pendant plufieurs années. Souvent les récoltes indemnifent des frais avec ufure. Qand elles ne le feroient pas, les pêches fuivantes fuffiroient pour procurer en outre un très-gros bénéfice. Mais il eft fur-tout effentiel d'empêcher le retour du mal ; car rien ne fe régénere & ne fe réproduit plus vîte que ces rofeaux. Nous penfons donc qu'il ne faudroit jamais faire plus de trois ou quatre pêches fans labourer de nouveau les étangs, c'eft à dire qu'il faut avoir recours à ce moyen tous les fept ans, ou tous les neuf ans au moins. La charrue emportera alors le peu de rofeaux qui auroit commencé à s'établir, & l'on s'épargnera par-là les frais d'un défrichement nouveau, qui en moins de vingt ans redeviendroit néceffaire. Il eft fenfible que les labours doivent améliorer beaucoup le fond des étangs. La carpe n'y vivant qu'en raifon de la furface unie qu'elle occupe fous l'eau, en trouvera une prefque doublée par le rélevé des fillons qui forment des efpeces de triangles équilatéraux. Le même terrein pourra donc nourrir plus de poiffon ou le nourrir mieux. D'ailleurs la terre ayant été remuée & ameublie, fera plus facilement pénétrée

pénétrée par le museau des carpes, qui, en s'y enfonçant, en aspireront mieux les sucs nutritifs qui leur sont propres. Si l'on veut procurer au poisson une nourriture très-succulente, qui le fera extrêmement profiter en peu de tems, il n'est question que de mêler avec l'avoine ou le bled noir qu'on semera dans les étangs labourés, de la graine de gros navets ou de turneps. On laissera remplir d'eau ces étangs garnis de ces navets parvenus à leur grosseur ordinaire. Elle en pénétrera & divisera la substance, que le poisson ira chercher & dévorer, & qui l'engraissera extraordinairement pendant plusieurs années. Il n'est pas de moyen plus certain pour fertiliser les étangs. La chose est assez sensible pour n'avoir pas besoin de plus grande explication. Je ne crois donc pas avoir rien à ajouter à ce que j'ai dit ci-dessus, tant pour contribuer à la salubrité de l'air qu'à l'augmentation du produit de ce genre de propriétés. Il ne lui manquera plus après cela pour acquérir toute l'importance & la valeur dont il est susceptible, que la liberté pleine & entiere du débit du poisson, & l'affranchissement des entraves & du monopole qui le contrarie dans la Ville d'Orléans. Mais tandis que j'écris cet article, mes vœux déja sont exaucés. Un Prince éclairé & puissamment secondé par le digne Chancelier auquel il a donné sa confiance, vient entr'autres bienfaits par lesquels il s'est plû à signaler sa nouvelle possession du Duché d'Orléans, de consentir au rachapt modéré, & à la suppression de ces droits onereux, nés dans les tems de l'anarchie feodale, si funeſtes à la fois & aux Propriétaires dans la main deſquels ils aviliſſent le premier prix de la denrée, & aux conſommateurs dont ils renchériſſent la dépenſe. Nous n'avons donc qu'à joindre notre voix à la voix publique, pour faire parvenir les accens de notre reconnoiſſance à celui qui l'inſpire, & célébrer un acte de bonté & de générosité, long-tems envain ſollicité jadis, & aujourd'hui accordé plutôt qu'il n'a été demandé. Que n'a-t-on pas lieu d'attendre d'une Adminiſtration qui commence auſſi bien, & ſe préſente d'une maniere auſſi patriotique? je reviens à mon ſujet dont m'écartoit un ſentiment de plaiſir & d'admiration, auſſi juſte que naturel, partagé ſans doute par mes Juges; & je me hâte de jetter un coup-d'œil ſur les bois de la Sologne.

ARTICLE V.

Des Bois.

On ſe plaint depuis quelque tems que les bois manquent, & manqueront bientôt encore plus en France. L'on ne ſauroit diſſimuler en effet que l'on voit généralement beaucoup de futaies diſparoître, & qu'il en eſt bien peu qui s'élevent pour réparer ces pertes. Le haut prix auquel les bois ſont montés depuis quelques années, doit faire ſuppoſer ou une diſette véritable ou une conſommation plus conſidérable, néceſſitée par le luxe & notre molleſſe actuelle. L'on ne ſauroit donc trop s'occuper de conſerver & de multiplier une branche de production devenue indispensable & si précieuse. C'est dans les Pays sur-tout où les terres sont d'un très-foible rapport, & par-conséquent d'une modique valeur, qu'il est important & plus avantageux de donner tous ses soins à cet objet essentiel. Il ne seroit profitable ni pour le Propriétaire ni pour l'Etat, de convertir en bois des terreins fertiles accoutumés à se couvrir de riches moissons. La Société dans ce cas, pour obtenir un jour une denrée très-utile à la vérité, se trouveroit privée pendant une multitude d'années d'une production plus nécessaire encore; & le Propriétaire auroit sacrifié sa jouissance présente, & fait des frais considérables de plantation pour n'avoir peut-être pas, après trente ans, un revenu plus fort que celui qu'il auroit perdu. Il ne faut donc pas s'attendre à voir croître de nouveaux bois dans de pareils cantons, ni même le desirer. La Sologne & les Provinces pauvres qui lui ressemblent, leur offrent leur véritable Patrie. C'est par la conservation & la multiplication de cette production, qu'elles peuvent voir leur sol considérablement amélioré, & leur produit fort augmenté. Entretenons donc d'abord en Sologne les bois qui s'y trouvent aujourd'hui. Puis augmentons-en la quantité, & suivant la nature des terreins, adoptons sur-tout les especes particulieres qui peuvent y convenir le mieux.

Une dégradation générale a été l'effet du bas prix de cette denrée. L'augmentation sensible qu'elle vient de subir depuis quelques années, devient un puissant encouragement pour remettre les choses en état. Les taillis, presque par-tout, sont dévorés par les bœufs & les vaches qu'on garde très-mal en tout tems, & que l'on y laisse entrer beaucoup trop tôt, même dans les endroits où les Fermiers y apportent plus d'attention. Il faudroit souvent six ou sept ans de parfaite conservation après leur coupe, pour en retirer le produit dont ils sont susceptibles, & à peine peut-on en obtenir trois ou quatre. Un taillis une fois brouté, bien loin de croître, ne fait que dépérir, sur-tout quand le mal se renouvelle tous les jours. On ne sauroit donc recommander trop de vigilance pour sauver les jeunes bois de la dent meurtriere des bestiaux. Mais ceux qui sont élevés ont des ennemis non moins destructeurs à craindre; ce sont les propres Fermiers & Locataires toujours prêts à ébrancher & étêter les chênes, si l'on ne les contient très-sévérement. Ils ne se bornent pas à ce dommage. Souvent ils font des bourrées dans les pâtis, & coupent impitoyablement, pour un très-mince bénéfice, une multitude de jeunes arbres qui commençoient à s'élever, & qui auroient formé des futaies ou entretenu celles qui y existent. Quelquefois ils font pis encore : sous le prétexte de faire croître plus d'herbe pour la nourriture de leurs bœufs dans ces pâtis presque par-tout semés de grands arbres & garnis de buissons ; ils mettent le feu dans ces broussailles que que la flamme a bientôt dévorées & anéanties avec tous les petits plans quelles receloient. Dès-lors le sol se trouvant nud, les glands qui tombent des grands chênes ne peuvent plus germer, ou la jeune tige eſt bientôt dévorée par les animaux qui y ſont à toute heure. Les épines au contraire les défendent, & c'eſt au milieu d'elles que croiſſent & s'élevent les arbres les plus vigoureux. Leur conſervation importe donc eſſentiellement à celles des futaies. C'eſt une des plus néceſſaires attentions que doivent avoir les Propriétaires jaloux de la réproduction & de l'entretien de leurs grands bois.

Mais cela ne ſuffira pas encore. Il s'agit de les multiplier, & tout y invite & doit y déterminer. Souvent la nature en fait tous les frais. Il n'eſt queſtion que de ſavoir profiter de ſes bienfaits. Rien n'eſt plus commun que de voir de grands bouleaux au long des foſſés ou des haies qui avoiſinent ou entourent les terres labourables. La graine extrêmement légere de ces arbres eſt emportée & répandue par les vents à une très-grande diſtance dans ces terres, lorſqu'elles ſont en repos. Si le printems eſt humide tout le terrein alors ſe trouve couvert du plan le plus vivace, tel qu'on ne l'obtiendroit que très-rarement du ſémis, fait avec le plus de précaution, de dépenſe & de ſoins. Qu'arrive-t-il ordinairement? on laboure & l'on detruit tout; ou les beſtiaux le dévorent impitoyablement. Un bon foſſé fait à-propos pour enclore cet eſpace ainſi diſpoſé & enrichi par la nature, conſerveroit la production la plus fructueuſe qu'on puiſſe non-ſeulement eſpérer en ce genre, mais peut-être retirer jamais du local, quelqu'autre emploi qu'on en fît. Il n'eſt point de plantation plus profitable, ni dont on jouiſſe plutôt, que celle du bouleau. Que l'on ſeme du gland, même dans le terrein le meilleur, à peine au bout de trente ans, ſera-t-on en pleine jouiſſance de cette eſpece de taillis. Celui de bouleau en procurera une complette à dix ans, & la premiere coupe que l'on fera à cet âge, aura même déja quelque valeur, tandis que le récepage du chêne au même-tems ne paiera pas la façon. Enfin le bouleau paroît l'arbre qui convient le mieux à la Sologne. Il vient dans les terreins humides & argilleux, ainſi que dans les ſables un peu maigres. Il s'éleve & groſſit plus en dix ans, que le chêne en quinze, & ſe vend proportionnellement plus cher. Si on le laiſſe grandir, il eſt propre au charonnage, & fournit tous les cercles des grandes cuves. Si on le conſerve en taillis, il fait de très-bon charbon; mis en corde, il procure un feu très-ardent & très-beau. Enfin on l'emploie avec le plus grand ſuccès en cercles de poinçon. Il réunit donc le double mérite d'être par lui-même une véritable richeſſe, & d'en acquérir en outre une nouvelle par le travail qu'il ſubit à cet égard, & qui occupe dans le Pays une aſſez grande quantité d'ouvriers, pendant une partie de l'année. Cette derniere conſidération doit faire ſentir ſur-tout combien il eſt intéreſſant pour l'avantage des journaliers de le voir multiplier.

Il eſt une autre eſpece de bois, peu commune encore mais non moins convenable à la Sologne, & non moins propre à l'enrichir, que nous oſerons recommander & prôner hautement. C'eſt le pin. Il n'eſt pas ſuſceptible, comme le bouleau, d'être employé à autant d'uſages, ni d'être coupé en taillis. Les arbres verds une fois abatus ne repouſſent jamais. On ne peut donc attendre de lui aucun emploi, ni aucun profit, que lorſqu'il eſt très-grand & en nature de futaie. Alors il pourra ſervir très-utilement en planches ou en charpente intérieurement. Comme bois à brûler, il n'aura jamais qu'une modique valeur attendu ſon odeur réſineuſe déſagréable, & le défaut qu'il a d'éclater ſans ceſſe. Mais il peut ſuppléer en partie à la rareté des futaies de chênes, que le long terme de leur accroiſſement empêche ſouvent le Propriétaire éphémere, le *brevem dominum* d'Horace, d'eſſayer de propager. Cet arbre au contraire croît avec une rapidité incroyable. Le Maître qui l'a ſemé peut eſpérer d'en jouir ou du moins le voir dans ſa beauté. Rien n'eſt plus encourageant pour décider à l'adopter. Il a en outre une qualité qui le rend bien précieux pour la Sologne Les ſables les plus maigres & les plus brûlans dont on ne peut retirer aucune récolte, & qui ne pouſſent pas même de l'herbe pour la nourriture des troupeaux, ſont les endroits qui lui conviennent le mieux & où il profite le plus. Ces eſpeces de terreins ne ſont pas rares dans le Pays qui nous occupe; quel bonheur n'eſt-ce donc pas de pouvoir changer leur ſtérilité & leur inutilité en une production auſſi vigoureuſe & auſſi néceſſaire? Il n'eſt point d'ailleurs de plantation moins coûteuſe. Une mine de graine meſure d'Orléans, dont le prix peut être de 15 livres, en la faiſant venir de Bordeaux, eſt dans le cas de garnir une vingtaine d'arpens. Un ſeul labour ſuffit pour la préparation du terrein. L'on ſeme la graine au commencement du printems, & on la couvre comme l'avoine avec la herſe ſeulement; (car il ne faut pas qu'elle ſoit trop enterrée pour bien lever). Il n'eſt queſtion après cela d'aucun ſoin ni d'aucune façon. Il ne s'agit que de défendre des beſtiaux ce jeune plan pendant ſept ou huit ans au plus; car après ce temps, il eſt aſſez élevé pour ne plus les craindre & n'avoir plus beſoin de garde. Ce qui forme encore un motif puiſſant en faveur de ce genre de plantation, comparativement avec toutes les autres eſpeces de bois qui exigent une conſervation exacte pendant un ſi grand nombre d'années.

Après les plantations de pin, & ſur-tout celles du bouleau, que nous regardons comme les plus capables d'enrichir la Sologne, nous en conſeillerons encore une autre qui ne pourroit manquer de réuſſir, ſur-tout dans les ſables doux qui ont du fonds, & qui, parconſéquent, conſervent plus de fraîcheur en été. C'eſt celle de châtaignier en taillis. Puiſque les arbres de cette nature viennent très-bien en allées, & qu'ils paroiſſent affectionner beaucoup le climat & le ſol d'une partie de la Sologne, où leur fruit forme un objet même de revenu aſſez important; on ne ſauroit douter que les taillis n'en fuſſent très-productifs & très-vigoureux. On exhorte fort les Propriétaires d'en eſſayer ſans aucun mêlange d'autres bois.

Telles font les diverfes améliorations particulieres, que nous ofons croire les plus falutaires & les plus defirables dans chacune des branches de revenu & de production que nous venons de parçourir. Nons en foumettons l'examen au jugement & aux lumieres de la Société Royale de Phyfique. Mais nous craindrions de n'avoir pas rempli tout-à-fait fes intentions & fes vues, fi nous n'en préfentions de plus générales, dont l'effet feroit fans doute plus fenfible & plus prompt. Ces moyens plus efficaces que nous allons expofer, font entre les mains fur-tout du Gouvernement qui feul, comme l'aftre générateur, a le pouvoir de feconder en grand. Nous avons déja indiqué au commencement de ce Mémoire, parmi les plus puiffans, l'égalifation de la Taille dans la Généralité, & la converfion de la Gabelle en d'autres tributs, dont la perception fût plus relative aux facultés des Citoyens, ou plutôt au revenu; feule bafe certaine & inattaquable de l'Impôt. Il nous en refte encore quelques-uns à propofer.

On fait que la valeur des denrées & leur plus abondante réproduction, qu'un prix avantageux détermine, dépendent beaucoup de la facilité des débouchés. Sans eux nulle activité. Tout commerce languit. Or il n'en exifte prefque point en Sologne. La grande route de Paris à Touloufe la traverfe il eft vrai du nord au fud; mais voilà tout : encore n'eft-elle pas en hiver auffi bonne & auffi praticable qu'on pourroit le defirer. La communication de la Capitale de la Sologne avec celle de l'Orléanois, eft prefque impoffible aujourd'hui. Depuis trente ans on n'y a fait aucunes réparations qui méritent d'en parler. Nous pensons que son parfait rétablissement est un des premiers objets dont il seroit utile de s'occuper ; & nous ne le jugeons pas même très-dispendieux. La route de Romorantin joignant celle de Toulouse à la Ferté-Lowendalh, il n'y a que dix lieues à remettre en état : le principal travail & le seul nécessaire consisteroit à combler les trous & les ornieres souvent avec le sable qui est auprès ; à enlever la glaise dans quelque endroits pour y rouler du gravier ; à égaler quelquefois le terrein & enlever de petites buttes pour les jetter à la pelle dans des fonds voisins. Il n'est pas question de former des chaussées bien relevées & bien alignées ; pourvu que que le roulage soit facile en tout tems, le véritable but d'une route est rempli. On n'aura donc pas besoin d'une grande quantité de charrois & de voitures. Tout, ou presque tout peut s'exécuter avec des pioches, des bêches, des pelles & des brouettes. Ainsi que le pays ne soit point allarmé par l'idée d'une nouvelle corvée nécessaire à cet effet, qui détourneroit les ateliers de culture de leur véritable destination ! Le Gouvernement paroît aujourd'hui entiérement désabusé de cette méthode désastreuse de construire & de réparer les grandes routes. Les excellens Mémoires que, de son aveu, M. de la Galaiziere vient tout récemment de publier sur cette matiere, doivent avoir achevé d'éclairer non-seulement l'Administration, mais encore tous ceux que les solides raisons de l'éloquent & admirable Édit de 1776, sur ce sujet n'avoient pas alors tout-à-fait convaincus. Nous ne nous permettrons donc pas de ſuppoſer, que, pour cette réparation dont nous parlons, on puiſſe même faire marcher les journaliers des diverſes Paroiſſes limitrophes. Cinquante terraſſiers bien conduits & qui ſuivroient leur beſogne ſans interruption, l'auroient exécutée bien plutôt & bien mieux, que deux cent journaliers des environs raſſemblés forcément en divers tems, & travaillant à regret ſans plan, ſans enſemble, ſans uniformité & preſque toujours ſans intelligence. Pourrions nous croire qu'on préférât d'employer quatre fois plus d'agens pour faire moins bien? (*)

Il y a pluſieurs autres routes particulieres qu'il ſeroit utile encore d'entretenir & de réparer pour unir à Orléans la partie de la haute Sologne par Jargeau, & la partie inférieure par Beaugency & Cléry. Mais nous n'inſiſterons en ce moment que ſur la route de Romorantin, comme plus eſſentielle pour le commerce des deux Capitales, & l'importance des marchés.

---

(1) Depuis l'envoi de ce Mémoire les vœux des bons Citoyens ont été réaliſés à cet égard. Sa Majeſté vient d'abolir la Corvée en nature, par une loi auſſi humaine que bienfaiſante, qui ſera un nouveau monument de ſa ſageſſe, de ſa bonté, & de ſon amour pour ſes Peuples. Tel qu'un pere qui conſulte ſes enfants, le Roi y invite tous ſes Sujets à propoſer leurs ſentiments & leurs reflexions; à lui faire part de leurs lumieres, de leurs craintes mêmes, à porter le flambeau de l'examen non-ſeulement ſur tous les détails de la Corvée, mais encore ſur le mode adopté en ce moment, qu'il n'établit proviſoirement que pour trois ans, afin de mieux balancer, d'après l'expérience, les avantages & les inconvénients. Tant il a à cœur le ſoulagement & la proſpérité de ſon Royaume! tant la vérité lui eſt chere! tant il eſt perſuadé qu'elle ne peut jaillir que de la diſcuſſion libre & générale, toujours utile, toujours digne d'être encouragée, lorſqu'elle eſt ſage, lorſqu'elle eſt reſpectueuſe, lorſqu'elle n'eſt dictée par aucun eſprit de parti & de cenſure, mais par le ſeul & pur amour du bien Public.

Les communications par terre font fans doute fort avantageufes. Mais lorfqu'il s'agit de vivifier un Pays, les communications par eau, ont bien une autre influence. Tournons donc nos regards de ce côté ; & puiflions-nous arrêter fur ce point capital, l'œil paternel & créateur de la Puiffance Souveraine ! Ce n'eft qu'à la faveur d'un canal bien entendu que l'on peut efpérer de tirer toute la partie centrale de la Sologne de l'état d'inertie & de mort où elle eft plongée. La pofition la plus favorable que ce canal puiffe occuper pour opérer le plus grand bien dans tout fon cours, paroît-être la vallée dans laquelle coule aujourd'hu le Beuvron. Il s'agiroit donc ou de rendre cette Riviere navigable ou d'établir un canal parallele, ce qui ne coûteroit peut-être pas davantage & rendroit la navigation plus facile & plus fûre en été, où les baffes eaux de la Riviere l'interdiroient abfolument.

Le Beuvron traverfe la Sologne dans fon milieu & dans fa plus grande longeur. Egalement éloigné à-peu-près de la Loire & du Cher qui circonfcrivent ce pays, l'une au nord & l'autre au midi, il ne lui manque que d'être navigable pour féconder, depuis Cerdon jufqu'à Candé, tout le territoire qui l'avoifine & qui manque entiérement de débouchés. Si la nature lui eût donné cet avantage il feroit à l'égard de la Sologne ce que l'aorte eft au corps humain. Un canal qui fuivroit fon même cours rempliroit en tout tems les fonctions de cette artere dont dépend la vie. Quelle place plus favorable pourrions-nous donc indiquer pour accélérer la circulation & rétablir le reſſort & le jeu du cœur de la Province qui nous intéreſſe? Les difficultés & les frais d'un pareil canal feroient d'autant moins conſidérables qu'il ſuivroit toujours la même vallée dont la pente eſt très douce en général & aſſez uniforme ; les eaux de la Riviere & celles des principaux étangs voiſins qui s'y rendent & qui pourroient faire l'office de réſervoir ſuffiroient à ce que l'on croit pour l'entretenir toujours à-peu-près au même niveau. Au-ſurplus, c'eſt aux gens de l'art qu'il appartient de prononcer ſur tous les points d'exécution & de détails. Pour nous, nous avons rempli notre tâche en faiſant ſentir l'utilité & la néceſſité d'un pareil canal intérieur, pour animer l'Agriculture, le Commerce & l'induſtrie.

Nous croirions toutefois n'avoir pas ſatisfait entiérement aux deſirs de la Société Royale de Phyſique, ſi nous n'inſiſtions encore ſur une branche de culture d'une utilité générale, bien favorable à la Population, qu'on peut mettre dans la claſſe des vraies richeſſes, propre à la plus grande partie de la Sologne & qui n'attend que les ſacrifices & les ſecours de l'Adminiſtration pour être bientôt adoptée & propagée. Il ne s'agit point ici de la culture du tabac qui réuſſiroit très-bien dans les terres légeres de la Sologne, ainſi que dans bien des Provinces du Royaume, & qui, nous affranchiſſant de notre dépendance pour cette denrée envers des nations lointaines, empêcheroit la déperdition du numéraire qu'on eſt ſi jaloux aujourd'hui de retenir & d'augmenter, ou celle des denrées qu'on eſt obligé de donner en équivalent & qui serviroient alors à obtenir d'autres biens absolumens étrangers à notre sol. Le régime fiscal actuel ne permet point une pareille innovation si desirable en soi. La culture que nous avons en vue est d'une plus grande importance. Elle occuperoit plus de bras; elle procureroit un plus grand bien-être aux Habitans. C'est celle de la vigne. La Sologne en étoit couverte autrefois dans son tems de prospérité. Une foule de petits côteaux d'un terrein graveleux à l'aspect du midi lui offrent la position la plus favorable. Le vin blanc, que l'on conseillera toujours de préférer au rouge, y acquiert une qualité assez agréable dans le peu de clos qui se sont conservés. La récolte d'ailleurs en est toujours plus abondante.

Mais l'on ne plante des vignes qu'avec beaucoup de frais & d'avances; & les richesses manquent. L'on ne peut donc espérer de parvenir au but que l'on desire, qu'avec l'aide généreuse du Gouvernement dont la bonne volonté & les dispositions pour le bien Public se manifestent en tant d'occasions. On l'a vu tout récemment accorder des primes à nos Négocians pour les encourager à naviguer dans les Mers du nord & à nous rapporter les productions des Peuples de la Baltique. Que ne demandons-nous des richesses plus faciles & plus sûres à la Nature qui est auprès de nous? Pourquoi courir si loin tandis que la fortune sommeille à notre porte & n'attend pour nous combler de biens que l'instant du réveil? Que le ministre Citoyen qui offriroit des primes pour la fertilisation du territoire placeroit les fonds de l'Etat d'une maniere bien plus fructueuse ! que son nom seroit béni dans la postérité ! que sa gloire seroit solide & pure ! si notre foible voix pouvoit déterminer quelque Administrateur bien intentionné à tenter de l'acquérir & à commencer cet heureux essai par la Sologne, nous pensons qu'une prime de 50 l. accordée à tout Propriétaire par chaque arpent de vigne qu'il justifieroit avoir planté & mis en valeur au bout de 5 années, pourroit en décider beaucoup à tourner leur attention de ce côté. Avec 100, 000 l. ainsi sacrifiés, le Gouvernement favoriseroit la plantation de deux mille arpents qui augmenteroient la richesse nationnale de plus de douze mille pieces de vin chaque année, valant au moins 240, 000, l. & qui, par leur contribution à l'impôt, lui payeroient un jour plus que les interêts de l'avance. Il est vrai que pour mieux encourager à cette culture ce jour devroit être un peu éloigné. On juge qu'il feroit à propos que ces nouvelles plantations fussent affranchies de toutes dixmes & de tous vingtièmes & de toutes tailles pendant vingt cinq ou trente ans. La déclaration du Roi en faveur des défrichemens *pour terres labourables* accorde quinze ans d'exemption de tous ces articles. La vigne coûtant plus & rapportant plus tard, le terme que nous indiquons ne semble pas trop prolongé; & l'affranchissement est conforme à l'esprit de la loi bienfaisante que nous venons de citer. Nous voudrions même que non-seulement le Propriétaire taillable, fut pendant ce tems exempt de taille par rapport à ces nouvelles plantations, mais aussi le Vigneron qui les exploiteroit. Les Paroisses n'auroient point lieu de s'en plaindre, puisque ce genre d'exploitation n'existant pas ne contribue en rien aujourd'hui aux taux qu'elles supportent. L'Etat de son côté n'y perdroit rien par la même raison. Nous desirerions encore que l'impôt onéreux des Aides qui a si fort contribué à l'anéantissement de cette culture, fut au moins tempéré à l'égard du produit de ces nouvelles vignes pendant le même espace de tems. Nous sommes intimément convaincus qu'une reduction de moitié sur les droits de comsommation dans les cabarets des Paroisses intérieures de la Sologne, pour ce vin prouvé de nouvelle création, seroit un des plus puissans encouragemens, & que, bien loin qu'il en résultat du dommage pour le fisc, il y trouveroit au contraire un bénéfice par l'augmentation considérable du débit. Il s'est fait depuis quelques années une belle expérience financiere à laquelle il n'y a pas de réplique, & qui est bien faite pour répandre de la lumiere sur l'article des perceptions : c'est que l'impôt souvent rend d'autant moins qu'on le force, & que des droits réduits à moitié ont plus rapporté que lorsqu'on les exigeoit en totalité. Il en seroit sans doute de même dans le cas en question.

Avec tous ces avantages & quelques autres que la bienfaisance & la sagesse du Gouvernement pourroient encore acorder, il y auroit lieu d'espérer de voir bientôt la Sologne se recouvrir de vignes. Tout alors inviteroit le Propriétaire à les multiplier. Le terrein d'abord sur lequel il

les

les planteroit étant d'un très-modique revenu, les sept ou huit années de non-jouissance à cet égard, avant que sa vigne fut en plein rapport, ne devroient pas former un déficit notable dans sa fortune capable de l'altérer. 2° Le bois étant moins cher en Sologne, il en coûteroit moins pour les échalas qui forment un des articles les plus dispendieux d'une nouvelle vigne. 3° Les journées des ouvriers étant modiques, il payeroit moins de frais pour la plantation, & les façons habituellement en seroient bien moins couteuses que dans les vignobles qui avoisinent Orléans. 4° Les fumiers y seroient aussi d'un moindre prix. 5°. Les dépenses pour les vendanges n'y seroient pas non plus aussi fortes. Ainsi tous ces motifs réunis devroient accélérer cette heureuse innovation. Par elle la population s'accroîtroit; car il ne faut que quatre ou cinq arpens de vignes pour occuper & faire subsister une famille. Par elle les bestiaux se multiplieroient; car chacune de ces familles de vignerons ne pourroit pas élever ni nourrir moins de deux ou trois vaches. Par elle enfin tout le Pays acquerroit une boisson nourriciere & salubre qui contribuer à rendre la force & la santé à ses habitans.

En voilà sans doute assez pour justifier tout l'interêt que nous leur portons. Puissent les diverses réflexions repandues dans ce Mémoire, trop long peut-être, quoique nous ayons supprimé bien des détails usuels, mériter l'attention & les regards favorables de la Société Royale de Physique, d'Histoire Naturelle & des Arts d'Orléans! puissent-elles sur-tout paroître utiles &

servir au bien Public ! c'est le principal motif qui nous a mis la plume à la main. C'est dans cet esprit que nous dirons en finissant à tout Propriétaire de Sologne avec le judicieux Horace :

Si quid novisti rectius istis
Candidus imperti : Si non, his utere mecum.

APPROBATION.

J'ai lu par ordre de Monseigneur le Garde des Sceaux, un Manuscrit intitulé : *Mémoire sur l'amélioration de la Sologne*. Je n'y ai remarqué que les vues d'un homme Sage, & d'un excellent Citoyen, & j'ai cru que l'impression en seroit très-utile. A Orléans, ce 26 Décembre 1786. Genty.

www.ingramcontent.com/pod-product-compliance
Ingram Content Group UK Ltd.
Pitfield, Milton Keynes, MK11 3LW, UK
UKHW021600260726
13993UKWH00002B/965